数码单反实拍完全手册

DIGITAL PHOTOGRAPHY

雷剑 / 编著

中国电力出版社
CHINA ELECTRIC POWER PRESS

内容提要

本书以清晰、流畅的结构分别讲解了使用数码单反相机进行拍摄的相关器材、摄影理论以及实拍技巧等内容。为了保证读者能够通过本书真正学习到实际拍摄的技巧及经验，无论是在前面的知识讲解还是后面的拍摄实践中，都是通过大量的拍摄实例进行讲解。而且在讲解过程中，详细的阐述其拍摄步骤，让读者快速掌握典型题材的拍摄方法，以达到融会贯通学会同类题材的拍摄方法。并且总结了大量的提示、技巧于其中，为读者的学习提供更丰富、全面的指导。

本书在讲解过程中，力求用清晰、顺畅的逻辑结构讲解各部分知识，以便于读者更好的学习和领悟。例如在实拍章节中，就是以器材、曝光设置、构图、用光及实拍案例作为基本框架，条理清晰的讲解了各拍摄题材的相关知识，让读者全面掌握数码单反摄影中，从硬件到理论，再到实际拍摄的知识与技巧。

图书在版编目（CIP）数据

数码单反实拍完全手册 / 雷剑编著 . —北京：中国电力出版社，2011.11

ISBN 978-7-5123-2417-6

Ⅰ. ①数… Ⅱ. ①雷… Ⅲ. ①数字照相机：单镜头反光照相机-摄影技术-手册 Ⅳ. ①TB86-62②J41-62

中国版本图书馆 CIP 数据核字（2011）第 245708 号

中国电力出版社出版、发行

（北京市东城区北京站西街 19 号　100005　http://www.cepp.sgcc.com.cn）

北京盛通印刷股份有限公司印刷

各地新华书店经售

*

2012 年 2 月第一版　　2012 年 2 月北京第一次印刷

889 毫米 ×1194 毫米　16 开本　19.5 印张　554 千字

印数 0001—5000 册　　定价 **69.00** 元（含 1DVD）

前　言

Preface

随着数码单反相机生产技术与制造工艺的不断发展与完善，再加上其本身就具有高画质、高性能等多方面的优势，因此，理论上说，我们完全可以凭借手中的利器拍摄得到专业的摄影作品。

而实际情况则是，我们拍摄得到的作品总是存在这样或那样的问题，归根结底，其大的原因就是实际拍摄的经验不足所致。而这其中又包括了对于器材及摄影理论知识的掌握不够充分等原因。

本书就是专门针对以上的问题，从器材使用、理论知识入手，以实拍技巧为主，讲解人像、儿童、风光、山川、水景、太阳、建筑、夜景、云彩、气象、微距、花卉、树木、宠物、鸟类、野生动物等近 20 种题材的实拍技巧，完整、深入的解析了其拍摄奥秘。

本书特色，为高效学习提供捷径

为了保证读者能够通过本书真正学习到器材使用、理论知识及实拍技巧，笔者在讲解过程时，总结并浓缩了大量的提示、技巧于其中，为读者的学习提供更丰富、全面的指导。

另外，为了让您掌握更具实际使用意义的摄影技术，笔者专门在各实拍章节（第 7 ～ 20 章）的末尾，加入了 3 ～ 5 个完整的实拍案例，并完整、详尽的阐述了其拍摄步骤，以保证读者能够快速掌握典型题材的拍摄方法，并由此理解同类题材的拍摄技巧。

本书在讲解过程中，力求用清晰、顺畅的逻辑结构讲解各部分知识，以便读者更好的学习和领悟。例如在实拍章节中，就是以器材、曝光设置、构图、用光及实拍案例作为基本框架，条理清晰的讲解了各拍摄题材的相关知识，让读者全面掌握实际拍摄过程中，从硬件到理论，再到实际拍摄的知识与技巧。

准备功夫，学习摄影器材使用

无论是器材派还是学院派，都必须承认一个事实，即：必须拥有足够的摄影器材及充分的技术来发挥它们的作用，让器材成为摄影的工具，让技术成为摄影的保障，而不会由于自己掌握的技术不足，造成拍摄困难，甚至形成阻碍。

例如利用结合锁定对焦与二次构图技术，可以在获得恰当构图的同时，避免画面发生跑焦等问题；再比如在大光比的环境下，可利用包围曝光及后期合成技术拍摄大光比的画面，以充分显示出高光、中间调与暗调的细节等。如果没有掌握这些技术，在面对一些甚至很多拍摄题材或环境时，很可能会束手无策、无功而返。

本书的第 1 ～ 3 章就从镜头及附件两大部分硬件器材的讲解入手，剖析了镜头的分类、焦距的概念与镜头参数，以及近 20 种摄影附件的功能与使用技巧，然后引申到实拍过程中的曝光、光圈、景深、快门速度、感光度、曝光补偿、测光模式、锁定曝光、包围曝光、白平衡、对焦及驱动模式等各种相机设置，为实际拍摄提供必要的技术保障。

武装头脑，领悟摄影理论知识

掌握了硬件的使用技术以后，我们还需要领悟一些“软件”知识。对摄影来说，其中最重要的莫过于对构图、光线及色彩的运用。

本书在第 4 ～ 6 章中，以简洁、形象的讲解方法，配以恰当、精美的照片，解析了 20 多种构图规则、各种类型的光线及色彩等知识，让读者对这些理论知识有一个正确、直观的印象，并能够有效运用于以后的实际拍摄过程中。

汲取经验，掌握各题材实拍技巧

不同的拍摄题材，所需要的器材与理论知识各有差异，例如同样是三分构图法，在人像、微距等题材中较为常用，而在建筑、动物等题材中，则不太适用。再比如，逆光在风光、建筑摄影中常用于塑造剪影，而在人像、动物等题材中，则多用于表现轮廓光效果。

还有很多题材，需要充分结合硬件技术与理论知识，才能够拍好。如跟拍人像时，就要设置恰当的对焦方式、对焦点，同时还要在移动相机进行跟踪的同时，进行恰当的构图，以表现出画面的动感等，这些远不是仅仅掌握了硬件器材与理论知识后能够无师自通的。

因此，笔者总结了大量的实拍经验与技巧，在第 7 ～ 20 章专门挑选了人像、儿童、风光、山川、水景、太阳、建筑、夜景、云彩、气象、微距、花卉、树木、宠物、鸟类、野生动物等近 20 种常见题材，全面分析了这些题材适用的构图方法及拍摄技巧、要点，在全面巩固理论知识的同时，也掌握各题材的实拍技法。

本书是集体劳动的结晶，参与本书编著的包括以下人员：雷剑、吴腾飞、左福、刘志伟、李美、邓冰峰、车宇霞、黄正、孙美娜、刑海杰、刘小松、徐克沛、吴晴、李洪泽、漠然、陈炎、谢子龙、张来勤、刘星龙、边艳蕊、马俊南、姜玉双、李敏、邰琳琳、刘星龙、马俊南、孙雅丽、田少博、葛露露、李阛琪、李洁等。

笔者

目录

第3章 曝光 23

第4章 构图 59

第7章 人像 109

第8章 儿童 143

TIKAL
INN

第16章 花卉摄影 255

第17章 树木摄影 263

第18章 宠物摄影 273

第19章 鸟与野生动物 281

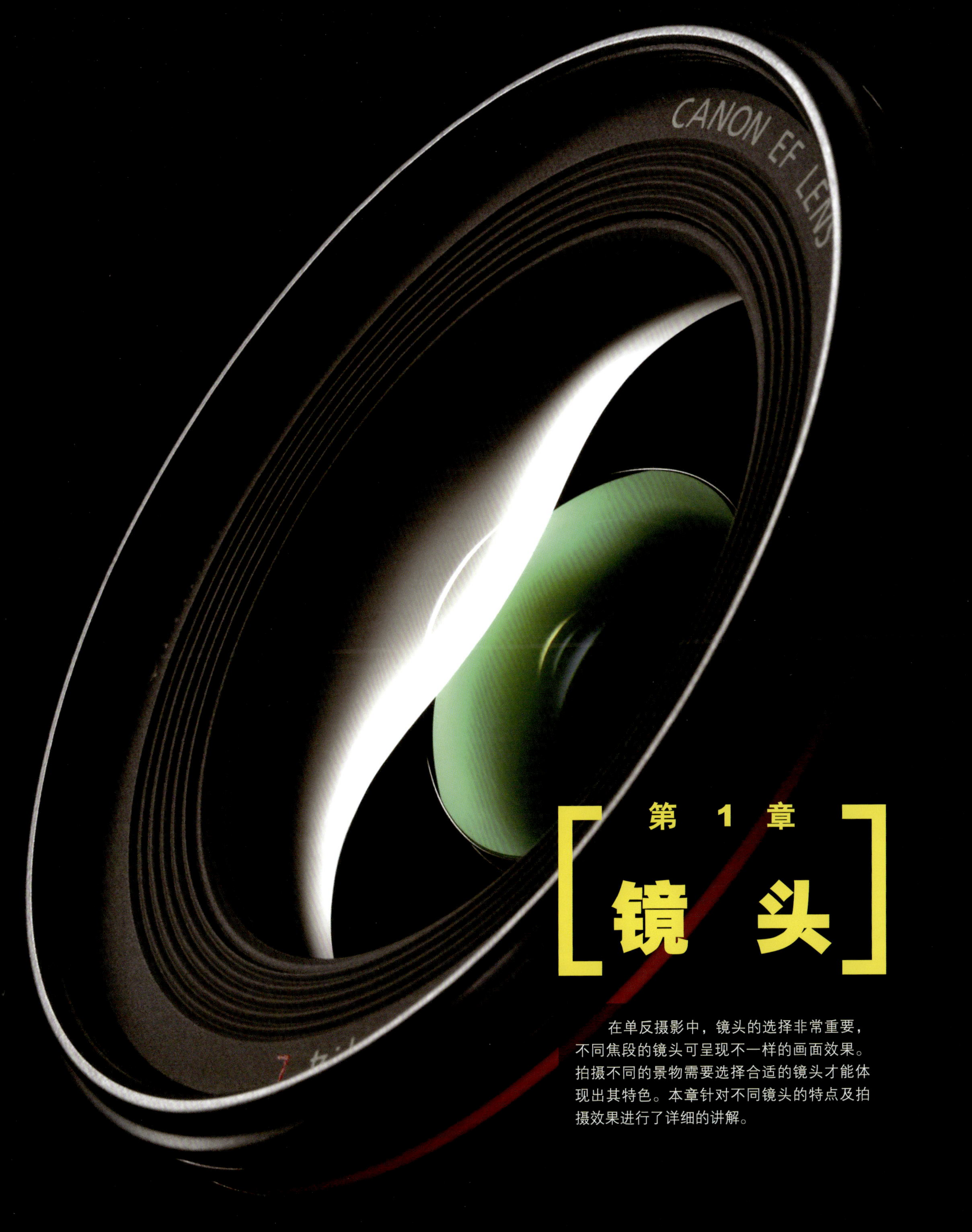

第 1 章

镜 头

在单反摄影中，镜头的选择非常重要，不同焦段的镜头可呈现不一样的画面效果。拍摄不同的景物需要选择合适的镜头才能体现出其特色。本章针对不同镜头的特点及拍摄效果进行了详细的讲解。

镜头的焦距与视角

视角即指可以看到的景象的范围，对于镜头来说，它与镜头的焦距数值有着非常大的联系。

当镜头焦距较短时，镜头的视角较大，观察到的景象画面较多；当镜头焦距较长时，镜头的视角则会随之变小，其收纳的景象画面也会相应减少，即视角与焦距呈反比例对等关系，焦距的长短影响着视角的大小，焦距越长视角越小，焦距越短视角越大。

因此，按照焦距为镜头进行分类，可以分为广角、中焦与长焦 3 类。另外，有些镜头的焦距可以在一定范围内变化，被称为变焦镜头；有些镜头的焦距不可变，称为定焦镜头。

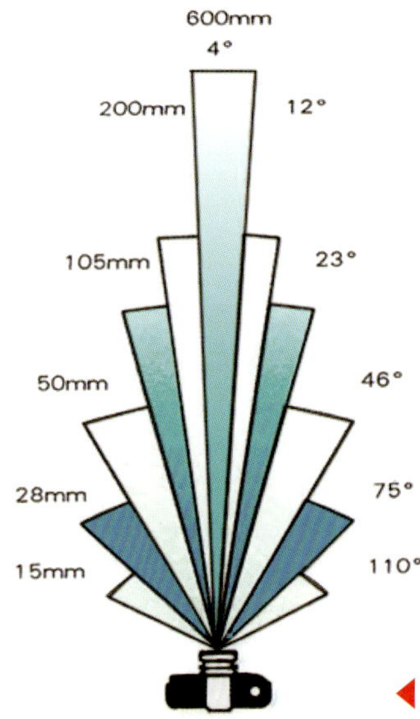

焦距与视角示意图

焦距为45mm

焦距为75mm

焦距为100mm

焦距为200mm

焦距28mm / 光圈F4 / 快门速度1/25s / 感光度1250

28mm焦距下拍摄得到的照片

定焦镜头

定焦镜头只有一个固定的焦距，如 50mm、85mm、200mm 等，其优点是光学结构简单、光圈很大且成像质量好，例如，售价仅 500 多元的佳能 EF50mm F1.8 定焦镜头的成像质量甚至可以和价值上万元的变焦镜头不相上下。

很多中等焦距的定焦镜头最大光圈都可以达到 F1.4 或更大，而变焦镜头的最大光圈仅为 F2.8。定焦镜头的缺点是焦距不可调节，如果要调整构图，必须要依靠摄影人员不断走动，因此灵活与机动性较差。

正由于定焦镜头仅有单一的焦距，因此可以将其划分为广角、中焦及长焦等不同的焦距。

▶ 利用标准定焦镜头的大光圈拍摄得到的人像作品，背景虚化效果很强、很美

焦距85mm / 光圈F4.1 / 快门速度1/500s / 感光度100

▲ 佳能EF 50mm F1.2L USM

广角、中焦与长焦镜头

广角镜头

广角镜头具有视角宽广、景深大，并可产生强烈透视变形的镜头特点。通常把等效焦距为 10~35mm 之间的镜头称为广角镜头，其常见焦段为 14mm、28mm、35mm 等。用广角镜头拍摄可将更多的景象纳入画面，多用于表现大场面景象的壮美、广阔的气势。

▶ 使用广角镜头可获得宽阔的视角，拍摄得到带有较大透视感的风光摄影作品

焦距16mm / 光圈F8 / 快门速度10s / 感光度800

广角镜头使用要点

- 广角镜头拥有较大的镜头透视效果，恰当地运用这一点，可以让画面更具有冲击力。
- 广角镜头多容易出现暗角问题，可以开启相机中的校正功能，或在后期处理时进行校正。

中焦镜头

焦距在 35~135mm 之间称为中焦，例如 50mm、85mm 镜头等都是常用的，中焦镜头的特点就在于其镜头的畸变相对较小，能够较真实地还原拍摄对象，因此，在人像、静物等题材的拍摄中，应用十分广泛。

中焦镜头使用要点

- 很多微距镜头都拥有 60mm、100mm、105mm 等焦距，但由于微距镜头的特殊作用，因此通常是将其划分至特殊镜头中，而非传统意义的中焦镜头。
- 相比其他镜头而言，中焦镜头的视角较为常见、制造工艺也发展得非常成熟，因此最大光圈比其他焦距的镜头更大一些，例如佳能和莱卡已经生产出 50mm F0.95 这样的超大光圈镜头。

▶ 使用F2的大光圈拍摄到柔美的虚化效果

焦距85mm / 光圈F2.8 / 快门速度1/100s / 感光度100

长焦镜头

从135mm焦距开始，即被称为长焦镜头，也叫“远摄镜头”，具有“望远”功能，能拍摄距离较远、体积较小的景物，通常拍摄野生动物或容易被惊扰的对象时会用到长焦镜头。焦距在300mm以上的镜头常被称为“超长焦镜头”。

一般常见的长焦镜头焦距有135mm、180mm、200mm、300mm、500mm、500mm等。长焦镜头具有视角窄、景深小和空间压缩感较强的特点。

焦距400mm / 光圈F4.5 / 快门速度1/100s / 感光度320

◀ 使用400mm长焦镜头拍摄到豹子的面部特写

长焦镜头使用要点

- 即使是镜头结构相对较为简单的定焦型长焦镜头，其重量也不轻，因此在拍摄时，通常是需要安装在三脚架上，以避免长时间拍摄时，摄影人员的手臂过于疲劳，出现抖动等问题。
- 越是长焦的镜头，其视角就越小，因此即使是较轻微的移动，也会发生较大的视角变化，甚至可能会因此而错过拍摄的时机，或出现错误、不好的构图，因此在拍摄时应注意掌握拍摄的节奏，避免出现拍摄的失误。

▲ 200mm镜头拍摄的人像

▲ 400mm镜头拍摄的鸟儿

变焦镜头

变焦镜头可以进行一定范围的焦距变化，这是由这支镜头的变焦范围决定的。例如尼康 AF-S 70-200mm F2.8G VR II ED N 镜头，其镜头焦距就可以在 17~55mm 之间进行变化。

再比如 18–200mm 这样的高倍率变焦镜头，由于其远近皆宜，因此适合的题材非常广泛，非常受普通爱好者的喜爱。

变焦镜头的历史较短，光学结构复杂，镜片数量较多，成像质量相对较差，最大光圈也只能达到 F2.8，且恒定 F2.8 大光圈、成像质量优异的变焦镜头，价格都非常昂贵，动辄就要上万元。

焦距112mm / 光圈F3.5 / 快门速度1/80s / 感光度500

▲ 使用112mm的焦距拍摄模特的全身像

变焦镜头的使用注意

- 变焦倍率越高的镜头，在变为长焦时，可能会伸出一节或两节镜筒，此时较容易进灰，因此在灰尘较多的地方要特别注意。
- 扭动变焦环时，注意不要太用力，时间长了，容易降低阻尼。
- 安装一块 UV 镜可有效保护镜头的前组镜片。

▲ 尼康AF-S 70-200mm F2.8G VR II ED N镜头

焦距173mm / 光圈F3.5 / 快门速度1/100s / 感光度200

▲ 在相同位置，采用更长的焦距拍摄到模特半身像

广角变焦镜头

广角变焦镜头拥有 15~35mm 等效焦距范围内的焦距。较常见的如尼康 AF-S 10-24mm F3.5-4.5G ED DX、适马 AF 10-20mm F3.5 EX ASP IF HSM DC、佳能 EF-S 10-22mm F3.5-4.5 USM 等，它们能在最大广角端都拥有 10mm 的超广角焦距，在拍摄时，可以获得极大的景深，从而表现更宽阔的视野。

焦距10mm / 光圈F10 / 快门速度1/4s / 感光度100　　▲ 以15mm等效焦距的超广角镜头拍摄宽阔的画面

▲ 用21mm广角镜头拍摄建筑内部

▲ 使用15mm等效焦距拍摄的趣味效果，动物的脸被极大地变形

标准变焦镜头

标准变焦镜头通常是指广角端拥有 24~28mm 的等效焦距，而长焦端拥有中焦或长焦的焦距。

例如对 APS-C 画幅相机的套机镜头来说，最常见的就是以 18mm 作为广角端的起始，如 18-55mm、18-105mm、18-200mm 等，其等效焦距分别为 27~82mm、27~112mm 及 27~300mm。而对于全画幅相机来说，其标准变焦镜头通常是 24-70mm、24-120mm、28-300mm 等。

▲ 使用120mm焦距拍摄的人像

▲ 使用24mm焦距拍摄的具有广阔视角的风光

中长焦镜头

中长焦变焦镜头通常是指以中焦作为起始，而长焦端拥有长焦的焦距。最常见的莫过于各镜头厂商争相大力开发的 70-200 F2.8 规格的镜头，还有更适合家用的 70-300mm 镜头等。

如果是 APS-C 画幅相机安装 70-300mm 镜头，其等效焦距就变成了 105~450mm，这已经完全可以满足人像、动物、飞鸟及体育等绝大部分需要近地远摄的题材了。当然，对于镜头性能要求的体育摄影，70-300mm 这种规格的镜头还是显得有些力不从心。

▲ 使用300mm焦距拍摄的狮子特写

▲ 使用300mm焦距拍摄的鸟儿特写。长焦焦距让背景的虚化非常柔美

使用中长焦镜头也可以很好地捕捉如花草类的细节。在这幅照片中，就是使用200mm的长焦，利用逆光光线，很好地表现了植物的透明感

焦距200mm / 光圈F2.8 / 快门速度1/400s / 感光度200

长焦变焦镜头

长焦变焦镜头即指起始焦距以 100mm 为起始，而最长焦端则常拥有 300mm 以上的超长焦距，例如佳能 EF 100-300 F4.5-5.6 USM、尼康 AF-S 200-400mm F4G ED VR、适马 AF 300-800mm F5.6 APO EX IF HSM CONV 等都属于这类镜头。如果将它们安装在 APS-C 画幅的相机上，最大的焦距甚至达到了 1200mm，不要说远处的飞鸟、动物，即使是一只蜜蜂，也可以清晰地表现出其身体上的每个细节。

焦距500mm / 光圈F6.3 / 快门速度1/200s / 感光度400

◀ 使用500mm的超长焦距，在不打扰鸟儿的情况下，拍摄到它的全身照

焦距550mm / 光圈F7.1 / 快门速度1/160s / 感光度640

▲ 利用550mm的超长焦距，拍摄狼的特写

特殊镜头

移轴镜头

对于一些对建筑摄影要求很高的职业摄影师来说，他们会选择移轴镜头来拍摄。因为可以通过转动镜头的旋钮或转环，使镜头前端上下左右移动，能有效地消除由相机角度造成的变形。不过移轴镜头的价格十分昂贵，对于大多数的普通摄影爱好者来说，如果不是要经常拍摄建筑物，建议不必购买。

焦距45mm / 光圈F16 / 快门速度1/200s / 感光度200

▲ 使用45mm移轴镜头拍摄的照片，通过适当的调整，使画面中不存在明显的透视变形

鱼眼镜头

鱼眼镜头是由于其前组镜片严重凸出而得名，使用它拍摄出来的照片通常呈圆形，它的焦距通常为6～16mm。其特点是视角广，比广角镜头的拍摄视角还要大许多，可以达到180°～220°，所以可以最大限度地囊括景物，并产生非常夸张的变形效果，给人强烈的视觉冲击力。

焦距16mm / 光圈F18 / 快门速度4s / 感光度200

▲ 16mm鱼眼镜头将画面中的建筑拍摄为扭曲的效果

微距镜头

简单来说，可以将微距镜头理解成为展现对象细节的一种特殊镜头，其特殊之处就在于，可以按照 1:1 的放大倍率展现对象的细节，而普通镜头则只有 1:3 甚至更低的放大倍率。

微距镜头被广泛地用于昆虫和花卉等细小物体的拍摄，而且也是翻拍旧照片的最佳选择之一。

微距镜头的注意事项

- 不要将“带有微距功能的镜头”理解成为微距镜头，真正的微距镜头，其放大倍率要达到 1:1 的程度，这样才可以对拍摄对象的细节进行深入的展示。
- 微距镜头根据其焦距，也可以算是中焦或长焦镜头中的一员。

▶ 使用180mm的长焦微距镜头，配合恰当的光线运用，拍摄时能得到昆虫身上的细节，以及晶莹剔透的水滴

焦距180mm / 光圈F7.1 / 快门速度1/160s / 感光度200

▶ 使用100mm焦距拍摄得到只有一小部分是对焦清晰的花朵细节，让整体更具有一种朦胧感

焦距100mm / 光圈F4 / 快门速度1/100s / 感光度200

第 2 章 附件

在摄影中使用附件可以为拍摄锦上添花，在特殊的环境下可以起到辅助摄影的作用，得到不一样的画面效果，所以利用附件能够应对各种环境下的拍摄要求。本章介绍了几种常用附件及其使用方法。

遮光罩

遮光罩可遮挡住直射而来的光线，以避免产生光斑、生成灰雾等破坏画面的成像效果。不用时，通常是将遮光罩反扣于镜头上，待使用时再将其拧下、反转过来，安装于镜头前方。此外，遮光罩还可以在一定程度上防止灰尘、雨滴对镜头前组玻璃带来损坏。

市场上的遮光罩一般有金属材质和塑料材质两种，形状有花瓣形和普通圆口形遮光罩。

焦距218mm / 光圈F8 / 快门速度1/200s / 感光度100

◀ 在拍摄日落这种很容易接触直射阳光的题材时，使用遮光罩可以有效地防止出现镜头光晕

▲ 适用于中长焦镜头的花瓣形遮光罩

滤镜

滤镜与镜头的口径

无论是拧在镜头前面的滤镜，还是插入在镜身后面的滤镜，不同的镜头都有一个相应的口径，而在挑选各种滤镜时，首先就要注意购买与镜头口径相匹配的滤镜。

通常情况下，可以在镜身的参数规格上找到相应的口径标注。例如尼康镜头是标注在镜头的背面，而佳能镜头则是标注在镜头的前面。

▲ 尼康镜头口径标注

▲ 佳能镜头口径标注

UV镜

对于任何一支镜头来说，其前组镜片都是暴露在空气中的，很容易被划伤，或不小心按上指纹、沾染灰尘等，而 UV 镜的价格又非常低廉，因此自然而然成为了摄影师们用来保护数码相机镜头的工具。

除了购买原厂 UV 镜外，肯高、HOYO、大自然及 B+W 等厂商生产的 UV 镜也不错，性价比很高。口径越大的 UV 镜，价格自然也就越高。

▲ 肯高UV镜

偏振镜

偏振镜也叫偏光镜或 PL 镜，主要用于消除或减少物体表面的反光，在风景摄影中，为了降低反光、获得浓郁的色彩，又或者希望拍摄清澈见底的水面、透过玻璃拍好里面的物品等，一个好的偏振镜是必不可少的。

▶ 下图是未使用偏振镜之前的效果，画面中的色彩略有不足，显得偏灰；而右图则是使用偏振镜进行校正后得到的效果，在色彩及画面的立体感方面得到较大提升

焦距15mm / 光圈F20 / 快门速度1/125s / 感光度200

▲ 两种不同的UV镜

偏振镜选用注意

- 偏振镜分为线偏和圆偏两种，数码相机应选择有“CPL”标志的圆偏光镜，因为在数码单反相机上使用线偏光镜容易影响测光和对焦。
- 在使用广角甚至超广角镜头时，要注意为其配备超薄型偏振镜，以避免由于偏振镜太厚，导致画面边缘出现暗角等问题。
- 在使用偏振镜时，可以旋转其调节环以选择不同的强度，在取景窗中可以看到一些色彩上的变化。
- 使用偏振镜后会阻碍光线的进入，大约相当于 2 挡光圈的进光量，故在使用偏振镜时，需要降低约 2 倍的快门速度，才能拍摄到与未使用时相同曝光的照片。

中灰镜

中灰镜又称之为ND镜，它就像是一个半透明的深色玻璃，安装在镜头前面时，可以减少在相同时间内的进光量。从另外一个角度来说，它可以起到很好地降低快门速度的作用。

▶ 通过使用中灰镜降低快门速度，在光线较充足的情况下，也使用了1.5s的较长时间曝光，拍摄到如丝如滑的瀑布效果

焦距135mm / 光圈F22 / 快门速度1.5s / 感光度100

中灰镜使用注意

- 中灰滤镜分不同的级数，常见的是ND2、ND4、ND8三种，简单来说，它们分别代表了可以降低2、4和8倍的快门速度。假设在光圈为F16时，对正常光线下的瀑布测光（光圈优先模式）后，得到的快门速度为1/16s，此时如果需要以1s的快门速度进行拍摄，就可以安装ND4型号的中灰镜，或安装两块ND2型号的中灰镜，也可以达到同样的效果。

渐变镜

渐变镜可分为圆形和方形两种，在色彩上也有很多选择，如蓝色、茶色、日落色等，而在所有的渐变镜里最常用的应该是渐变灰镜了，它可以在深色端减少进入相机的光线，在拍摄天空背景时非常有用。

通过调整渐变镜的角度，可以将深色端覆盖天空，从而在保证浅色端图像曝光正常的情况下，还能使天空具有很好的云彩层次。

▲ 圆形（左图）与方形（右图）渐变灰镜

中灰镜使用注意

- 圆形渐变镜是安装在镜头上，使用起来比较方便，但由于渐变是不可调节的，因此只能拍摄天空约占画面50%时的照片。
- 圆形渐变镜在使用时，如果镜头不是内对焦或后对焦，那么在对焦过程中，前组镜片会发生移动，导致渐变的位置发生变化，此时就需要在对焦后再调整渐变的角度。
- 使用方形渐变镜时，需要买一个支架装在镜头前面才可以把滤镜装上，其优点就是可以根据构图的需要调整渐变的位置。

▲ 未使用渐变镜，天空区域显得曝光过度

焦距24mm / 光圈F18 / 快门速度1/500s / 感光度100 ▲ 使用渐变镜降低了天空的曝光量，画面整体更为协调

星光镜

使用星光滤镜可以为画面中的点光源添加星光效果，在拍摄夜景等题材时较为常用。

常见的星光镜有四线型的“十字镜”、六线型的“雪花镜”、八线型的“太阳镜”，它们拍摄的照片能产生不同的光芒，可以根据需要进行选择。

▲ 52mm星光镜

焦距85mm / 光圈F22 / 快门速度1/3s / 感光度200 ▲ 使用星光镜后的拍摄效果

脚架

脚架是最常用的摄影配件之一，由架身与云台两部分组成，使用它可以让相机变得稳定，以保证在长时间曝光的情况下，也能够拍摄到清晰的照片。

焦距200mm / 光圈F10 / 快门速度1/30s / 感光度100

▲ 使用脚架保持相机稳定，以进行较长时间的曝光

▲ 三脚架与独脚架

▲ 三维云台

三脚架的选购要点

- 类型：可分为三脚架与独脚架两种。三脚架用于稳定相机，甚至在配合快门遥控器的情况下，实现完全脱离相机的拍摄工作。独脚架的稳定性能要弱于三脚架，主要是起到支撑的作用，在使用时需要摄影师来控制独脚架的稳定性。
- 材质：可分为铝合金与碳素纤维两种。铝合金脚架的价格相对比较便宜，但重量较重，不便于携带；碳素纤维脚架的档次要比铝合金脚架高，便携性、抗震性、稳定性都很好。
- 节数：可分为三节或四节两种。通常情况下，四节脚架要比三节的高一些，但由于第四节往往是最细的，因此在稳定性上略差一些，如果选择第四节也足够稳定的脚架，在重量及价格上无疑要高出很多。
- 云台：云台是连接脚架和相机的配件，用于调节拍摄的方向和角度，可分为三维云台和球型云台两种。三维云台的承重能力强、构图十分精准，缺点是占用的空间较大，在携带时稍显不便；球型云台体积较小，只要旋转按钮，就可以让相机迅速转移到所需要的角度，操作起来十分便利。

快门线与遥控器

快门线与遥控器都是用于遥控相机进行拍摄的，即可以不用手触快门进行对焦及拍摄工作，以尽可能地保证相机稳定，进而拍摄到清晰的画面，在进行严谨的摄影创作及长时间曝光时，二者与脚架经常搭配在一起使用。

▲ 尼康相机的快门线

◀ 遥控器

▶ 微距摄影时，放大倍率很高，轻微的抖动都可能造成画面变虚，因此常搭配三脚架、快门线与遥控器进行拍摄

焦距105mm / 光圈F4 / 快门速度1/400s / 感光度200

外置闪光灯

外置闪光灯简介

相比数码相机自带的内置闪光灯，外置闪光灯的闪光性能更为强大，而且还可以进行多角度闪光、离机闪光、多支闪光灯联合布光等多种复杂的光线控制。外置闪光灯在人像、静物、花卉、植物等多种题材中，都有着非常重要的应用。

为了便于进行较好的布光，通常会采用 2~4 支的闪光灯，用于作为主光、辅助光等。如果资金不宽裕，可购买一支原厂闪光灯作为主光，再购买 1~3 支副厂闪光灯作为辅助光或其他用途。

▶ 利用外置闪光灯可以调整照射角度的特性，向上对树叶进行射光，然后再反射到人物身上对其进行补光，从而获得非常自然的光照效果

焦距43mm / 光圈F2.8 / 快门速度1/160s / 感光度100

外置闪光灯性能一览

下面将通过佳能 EOS 60D 内置闪光灯与尼康、佳能各两款典型的外置闪光灯，进行各方面性能参数的对比。

闪光灯型号	EOS 60D内闪	SB900	SB400	580EX II 闪光灯	270EX闪光灯
实物图			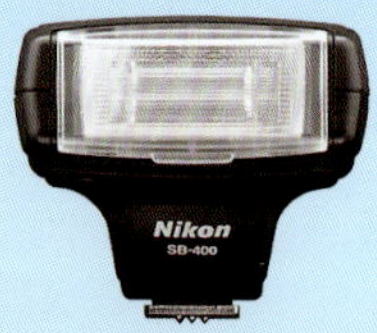		
照明模式		标准、平均、中央重点	标准、平均、中央重点	标准、平均、中央重点	
闪光模式	前帘减轻红眼、后帘同步	TTL、自动光圈闪光、非TTL自动闪光、距离优先手动闪光、手动闪光、重复闪光	i-TTL模式、手动闪光（仅适用于D40系列相机）	TTL、E-TTL、E-TTL II自动闪光、自动或手动外部测光、手动闪光	E-TTL、E-TTL II自动闪光、手动闪光
闪光曝光补偿	手动。±3，可以1/3或1/2挡为增量进行调节	±3，以1/3挡为增量进行调节	±3，以1/3挡为增量进行调节	手动。±3，可以1/3或1/2挡为增量进行调节	手动。±3，可以1/3或1/2挡为增量进行调节
闪光曝光锁定	支持	支持	支持	支持	支持
高速同步	不支持	支持	支持	支持	支持
闪光指数（m）	26（ISO200）	48（ISO200）	30（ISO200）	58（ISO100、焦距105mm）	灯头默认位置：22；灯头拉出：27
闪光范围（mm）	约17mm视角	14～200mm（14mm需配合内置广角散光板）	27mm以上	24～105mm（14mm需配合内置广角散光板）	28以上
回电时间（s）	3	2.3～4.5	2.5～4.2	一般闪光：0.1～5；快速闪光：0.1～2.5	一般闪光：0.1～3.9；快速闪光：0.1～2.6
垂直角度（°）	不可调节	向下-7、0；向上45、60、75、90	向上0、60、75、90	0、45、60、75、90	0、60、75、90
水平角度（°）	不可调节	左右旋转0、30、60、90、120、150、180		0~180（以30°为单位调节）	

从上表的对比不难看出，外置闪光灯的闪光指数、距离及闪光范围等多项性能都要远远超出内置闪光灯，而且外置闪光灯通常还拥有可调整闪光角度等机械特性，便于在拍摄进行灵活的布光。

外置闪光灯选用要点

- 闪光指数（GN）是衡量外置闪光灯的重要性能之一，简单来说，它就是指闪光灯可进行的最大输出光量。
- 依据闪光灯的闪光指数及所设置的光圈数值，可以计算出可闪光的距离，以闪光指数为 48 的尼康 SB900 闪光灯为例，其闪光距离可以这样计算：闪光指数（GN48）÷ 光圈系数（F4）＝闪光距离（12m）。
- 机械性能也是衡量外置闪光灯的重要依据。这里所说的机械性能是指外置闪光灯的灯头可以多角度旋转，这样在布光上更加方便。通过合理的调节，可以使闪光灯产生的效果变得更加自然，不那么生硬。而内置的闪光灯通常只有一个角度，闪光灯打开后，效果常常会变得不自然。

柔光罩

无论是内置还是外置闪光灯，其光线直接照射在拍摄对象上时，都是非常硬的光线，因此较适合表现较为硬朗的对象，其缺点是，容易在拍摄对象表现形成反光，例如直接对人物进行闪光时，常常就会在面部形成难看的油光。

如果要得到较柔和的光线效果，就可以使用柔光罩。使用柔光罩后，可以让光线变得柔和。当然，光照的强度也会随之变弱，可以使用这种方法为拍摄对象补充自然、柔和的光线。

▲ 外置闪光灯柔光罩

▶ 使用柔光罩后的拍摄效果，人物皮肤看起来更细腻一些

焦距145mm / 光圈F5 / 快门速度1/250s / 感光度1250

滤镜与滤色片

使用滤镜或滤色片可以改变闪光灯射出的光线颜色，前者是一个有色的塑料，安装在镜头闪光灯前，除了可以改变光线色彩外，还能够起到一定的柔化光线的作用。在购买闪光灯时，通常会附送 2 支滤镜。

另外，滤色片则是指一些半透明状态并可以安装在透明滤镜与闪光灯之间，从而起到改变颜色的作用。

▲ SB700闪光灯附送的滤镜

▲ 安装了滤色片的SB700闪光灯

▲ SB700闪光灯的滤色片

反光板

在拍摄人像、静物等题材时，反光板是非常常用的补光器材，很多反光板都是五合一的组合，分别带有金、银、黑、白和中间的柔光板，在尺寸上，有 50mm、60mm、80mm 及 110mm 等多种选择，如果只是拍摄半身像，使用 60mm 左右的反光板足矣，如果经常拍摄全身像，那么建议使用 110mm 以上的反光板。

▲ 圆形的五合一反光板

焦距85mm / 光圈F2 / 快门速度1/200s / 感光度250

▶ 在这种较为明亮的光照下，光线从右侧照过来，因此需要在左侧打反光板进行补光，以降低光比，使人物的皮肤显得细腻、光滑

摄影包

虽然与实际拍摄无关，但一个舒适、易用的摄影包，可以帮助我们更好地保护构造精密的相机远离灰尘，以及摩擦等伤害，如果还配备了一些如快门线、滤镜等附件，再加上笔记本电脑等，摄影包更是容纳这些东西的最佳选择。

市场上较为常见的是单肩与双肩两种摄影包。

如果只是一机一头加一些简单的附件，一款单肩包已经完全可以满足需求，通常都可以容纳安装在一起的相机和镜头。如果已经拥有或将来准备购买“大炮”级的镜头，或准备使用多个镜头，再加上一只坚固的三脚架，那么建议最好还是一步到位，买一个合适的双肩包，以避免浪费。

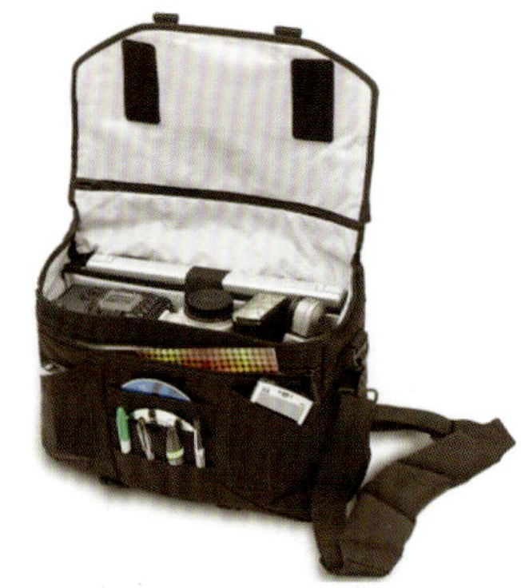

▲ 单肩包可以轻松容纳一机、一镜和一些常用的附件等

▲ 不要以为单肩包就一定是“容量小”的代名词

◀ 三脚架、“大炮”级镜头，仅这两样就已经有足够的理由购买一个双肩摄影包了，如果还使用单肩包，你的半个肩膀会“很受伤”的

第 3 章 曝光

曝光是摄影的重中之重，利用不同的曝光组合可得到完全不一样的画面效果，有利于体现摄影师的各 种拍摄创意。本章对影响曝光的各种因素——光圈 、快门、曝光补偿、白平衡、对焦进行了详细的讲解。

何为曝光?

简单来说，数码相机的曝光即指其通过内部的测光系统，对当前的拍摄对象进行测光，然后自动生成一组曝光组合，其中主要包括了光圈、快门速度及感光度数值。

以全自动曝光模式为例，此时所有的曝光组合参数都将由相机自动设定。在一些高级的曝光模式中，如在光圈优先模式下，我们可以指定除快门速度以外的所有曝光参数，然后再由数码相机的测光系统决定最终的快门速度值。当然，如果是在手动模式下，则所有的曝光参数均由摄影人员自行设置，数码相机只会给出一个关于曝光结果是曝光过度还是不足的提示。

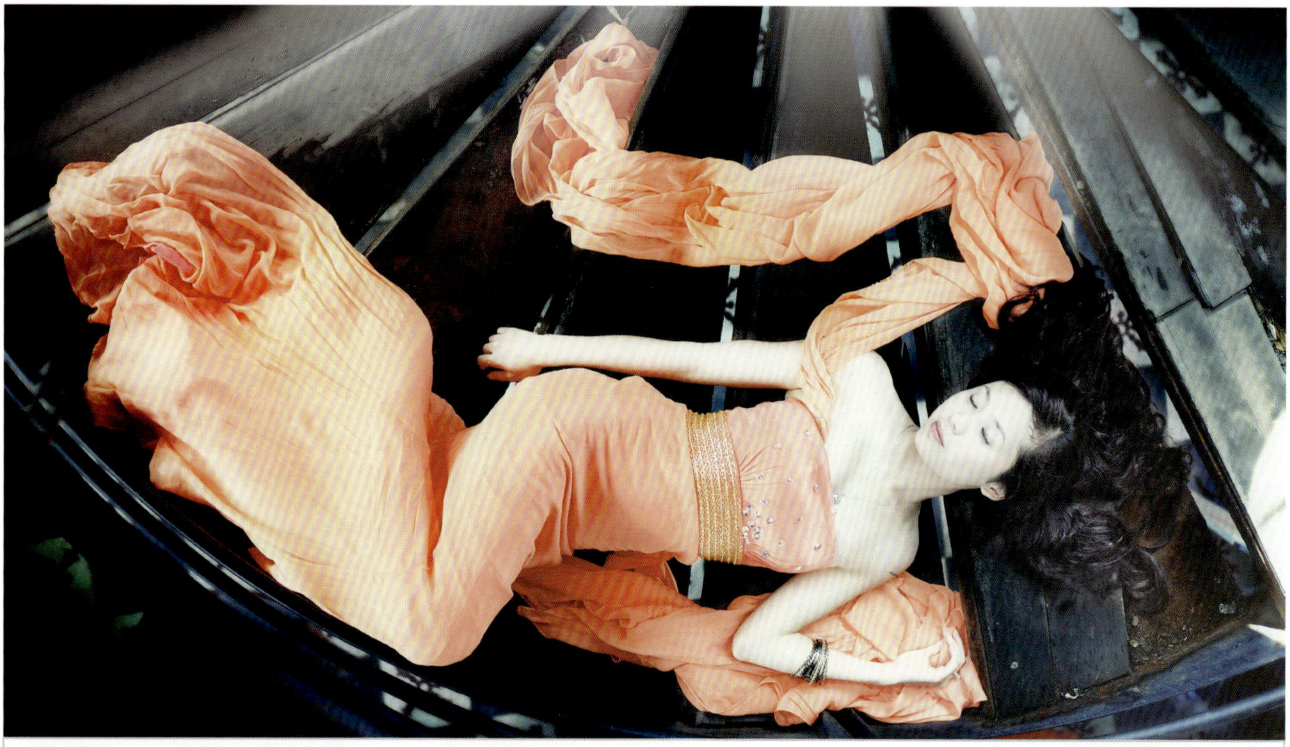

焦距70mm / 光圈F3.2 / 快门速度1/200s / 感光度500

▲ 恰当曝光拍摄得到的柔美人像

从更广意的角度来说，也有人将构成完美画面的一切由相机控制的因素称为曝光，即除了光圈、快门速度及感光度参数外，如曝光补偿、白平衡、对焦精度甚至是在拍摄过程中的不同对焦模式等，都称为曝光。在本章后面的讲解中，就将针对这些知识进行详细的讲解。

◀ 通过清晰的对焦、恰当的曝光组合参数等，拍摄到蜜蜂的细节

光圈

光圈的基本概念

光圈是镜头前的一个组件，具体来说就是一个活动的金属叶片，通过改变它的开启程度（叶片圆圈的直径）可以控制进入镜头光线的多少。

光圈开启越大，通光量越多；开启越小，通光量越少。相机可以通过光圈和快门的组合来实现精准曝光，在一定的曝光量下，加大一挡光圈可以提升一挡快门速度。

镜头能够提供的光圈范围，决定了可以在相机上设置的光圈范围。例如佳能 EF 50mm F1.2L USM 镜头提供了 F1.2 ～ F22 的光圈区间，则我们只能够在相机上设置这个范围以内的光圈数值。

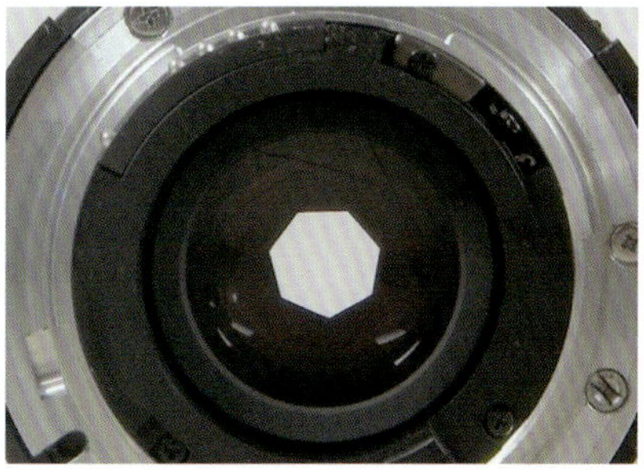

▲ 相机上的光圈组件

焦距85mm / 光圈F3.2 / 快门速度1/320s / 感光度200

◀ 使用F3.2的大光圈，在较为昏暗的光线环境下，也能够拍摄得到曝光充分的画面效果

光圈的使用技巧

- 在拍摄风光、建筑类题材时，通常会使用 F8、F11 这样的中等光圈。因为大多数镜头在此光圈下的成像质量是最优秀的，使画面的色彩和层次都有更好的表现。但有时我们在拍摄时想通过控制景深来使自己的作品更有艺术效果，所以经常要用到大光圈和小光圈。
- 在拍摄人像、静物时，通常会使用最大的光圈以追求很浅的景深，但不可避免的是，此时的成像质量、暗角等方面的表现都会有很大的下降，因此可以在此基础上收缩半挡光圈进行使用。例如对于最大光圈为 F1.8 的镜头，可以收缩到 F2、F2.2 或 F2.5 进行使用，此时的各方面素质都会有较大的提高。
- 与使用最大光圈进行拍摄一样，当使用最小或 F16 等很小的光圈进行拍摄时，各方面素质也会有很大的下降，尤其对于微距镜头来说，绝对不要使用 F16 及更小的光圈，否则成像质量等问题会变得非常严重。

光圈的表示方法

光圈值用字母 F 或 f 表示，如 F8、f8（或 F/8、f/8），也可写作 1:8。

常见的光圈值有 F1.4、F2、F2.8、F4、F5.6、F8、F11、F16、F22、F32、F36 等，相邻光圈间的通光量相差一倍，光圈值的变化是 1.4 倍，每递进一挡光圈，光圈口径就不断缩小，通光量也逐挡减半。比如 F2 光圈下的进光量是 F2.8 的一倍，但在数值上，后者是前者的 1.4 倍，这也是各挡光圈值变化的规律。

恒定与浮动光圈

恒定光圈即指镜头在任意焦距下，其光圈都可以为某个恒定值，如尼康的镜皇之一 AF-S 24–70mm F2.8G，可以在 24~70mm 之间的任意一个焦距下都能够拥有 F2.8 的大光圈，以保证充足的进光量，或更好的虚化效果。另外，定焦镜头由于只有一个焦距，因此其光圈自然也是恒定的。

浮动光圈则是指光圈会随着焦距的变化而改变，例如尼康 AF-S 18-55mm F3.5-F5.6G 这只镜头，当焦距为 18mm 时最大光圈为 F3.5，而在 55mm 焦距时，其最大光圈就自动变为了 F5.6。

光圈的设置范围

- 在光圈优先模式下，我们可以指定一个固定光圈值，然后相机将根据内部的测光系统，自动计算出一个合适的快门速度值，以满足正常曝光的需求。
- 在手动模式下，也可以指定一个固定光圈值，但同时我们也要指定合适的快门速度值，否则就可能出现曝光不足或过度的问题。
- 光圈对景深也有着很大的影响，简单来说，就是光圈越大景深越浅，反之，光圈越小，则景深越大。

景深

景深的基本概念

景深就是指被摄景物前后的清晰范围。

清晰范围很大叫做大景深，很适合风光、建筑等摄影题材；清晰范围很小叫做小景深，很适合人像、静物、鸟类及动物等摄影题材。当被摄景物位于镜头焦点位置时，景物的清晰度最高。而离开焦点的距离越远，影像的清晰度也就越低。

焦距70mm / 光圈F13 / 快门速度1/100s / 感光度200

◀ 使用F13的小光圈拍摄得到大景深的画面，即近处与远处的电线杆都是清晰的

光圈对景深的影响

在前面的讲解中，已经提到了光圈对景深有影响，即其他条件不变的情况下，光圈越大，则景深越小，虚化的范围也就越大；反之，光圈越小，则景深越大，虚化的范围越小，甚至整个画面都是清晰的。

▲ 在使用100mm焦距、F9光圈下得到大景深的画面效果

▲ 在使用110mm焦距、F2.8光圈下得到的小景深画面效果。可以看出，在与左图焦距相近的情况下，光圈的变化使得画面的景深变得大为不同

焦距对景深的影响

在其他条件不变的情况下，使用的焦距越长，则景深越小；焦距越短，则景深越大。例如使用 14mm 焦距拍摄的画面，肯定比在相同条件下，使用 200mm 焦距拍摄得到的画面景深大。

▲ 在使用110mm焦距、F3.2光圈下得到小景深的画面效果

▲ 在使用18mm焦距、F3.5光圈下得到的大景深画面效果。可以看出，在与左图光圈相近的情况下，焦距的变化使得画面的景深变得大为不同

相机与拍摄对象之间的距离对景深的影响

在其他条件不变的情况下，相机与拍摄对象之间的距离越近，则得到的景深就越小，反之则景深就越大。当然，由于靠近拍摄对象后，在焦距不变的情况下，将会缩小拍摄范围，因此应该根据实际需要进行选择。

焦距85mm / 光圈F1.6 / 快门速度1/160s / 感光度100

◀ 同样在85mm焦距、F1.6光圈下，由于距离模特较远，因此背景的虚化远不如大图中的程度大

▶ 在使用85mm焦距、F1.6光圈下得到小景深效果，背景中虚化得极为柔和，已经分辨不出原来的物体

背景与拍摄对象之间的距离对景深的影响

背景与拍摄对象之间的距离越大，则画面的景深就会显得越小，即虚化的程度越强，反之则画面容易呈现大景深的效果。

焦距200mm / 光圈F2 / 快门速度1/800s / 感光度400

▲ 背景与模特之间距离较大，因此得到很浅的景深效果

在拍摄时，可以通过变换角度的方式，尽可能拉大拍摄对象与背景之间的距离，以获得更浅的景深。

当然，上述拍摄技巧也同样适用于要增加前景虚化效果的情况。

▶ 背景与模特之间几乎没有距离，因此拍摄得到的画面显得景深非常大，每个景物都是清晰的

焦距20mm / 光圈F3.5 / 快门速度1/41s / 感光度3200

快门速度

快门的基本概念

快门是数据相机中的一个元件，它可以控制相机曝光的时间，即快门速度值。中低端数码相机的快门速度值都达到了 1/4000s~30s，而高端数码单反相机则提供了 1/8000s 的快门速度，通常来说，前一种快门速度区间已经可以满足绝大部分拍摄需求了。

在其他条件不变的情况下，快门速度提高一挡，则曝光时间减少一半，因此画面中的曝光降低一挡，即画面变得更暗；反之，快门速度降低一挡，则曝光时间增加一倍，因此画面的曝光增加一挡，即画面变得更亮。

▲ 数码单反相机的快门组件

▲ 数码单反相机的快门在工作时，即可以简单理解为“前帘与后帘的一个重复运动”。按照图片演示，❶和❷是按下快门后，前帘开始向下移动，露出的部分开始在感光元件上曝光，直至完全打开；❸和❹则是前帘运行完毕后，后帘开始向下运动，直至完全关闭，这就是一个完整的曝光过程了。

影响快门速度的因素

- 感光度：感光度每增加一倍（如从 ISO100 增加到 ISO200），感光元件对光线的敏锐度会随之增加一倍，同时，快门速度会随之提高一倍。
- 光圈：光圈每提高一挡（如 F4 ～ F2.8），快门速度可以提高一倍。
- 曝光补偿：曝光补偿数值每增加 1 挡，由于需要更长时间的曝光来提亮照片，因此快门速度将降低一倍；反之，曝光补偿数值每降低 1 挡，由于照片不需要更多的曝光，因此快门速度可以提高一倍。

快门速度的表示方法

快门速度以秒为单位，通常是写作 s，常见的快门速度有 30s、15s、8s、4s、2s、1s、1/2s、1/4s、1/8s、1/15s、1/30s、1/60s、1/125s、1/250s、1/500s、1/1000s、1/2000s 及 1/4000s 等。

安全快门

简单来说，安全快门是指在手持拍摄时能保证画面清晰的最低快门速度，其数值等同于当前所用焦距的倒数。例如当前焦距为 200mm，拍摄时的快门速度应不低于 1/200s。

安全快门的使用注意

- 对 APS-C 画幅的相机而言，焦距数值需要乘以转换算系数（尼康为 1.5，佳能为 1.6），因此在计算安全快门时，不要忘记乘以换算系数。对于佳能相机的 50mm 标准镜头而言，换算后焦距为 80mm，因此，其安全快门应为 1/80s 左右，而不是 1/50s。
- 安全快门的计算只是一个参考值，它与个人的臂力、天气环境、是否有依靠物等因素都有关系，因此可以根据实际情况进行适当的增减。

高速快门的运用

高速快门可用于将处于高速运动状态下的物体的细节瞬间状态记录下来，在鸟类、动物、体育等题材中运动得较为广泛。

高速快门使用注意

- 值得一提的是，目前主流数码单反相机中，都提供了最高 1/4000s 的快门速度，如尼康 D90、佳能 60D 等，而更高端的相机则拥有 1/8000s 的快门速度，如尼康 D700、佳能 5D Mark Ⅱ等。在拍摄时，注意不要让快门速度超出其上限，否则可能会出现曝光过度的问题。

焦距500mm / 光圈F9.5 / 快门速度1/1000s / 感光度400

低速快门的运用

对静态对象来说，低速快门是为了通过足够的进光量，从而获得充分的曝光。而如果是动态的对象，则低速快门可以将其呈现为各式的线条和虚化的画面，达到以虚衬实、虚实相生的艺术效果，更能表现物体运动的轨迹，体现动感，渲染环境气氛。

低速快门容易产生噪点（尤其是在弱光环境下），因此应注意使用较低的感光度，并开启相机中的“长时间曝光消减功能”。

焦距55mm / 光圈F5.6 / 快门速度3217s / 感光度200

▲ 通过3000多秒的曝光时间，拍摄得到星星运行的轨迹

感光度

感光度的基本概念

感光度又写作ISO，其概念是从传统胶片感光度引入的，各种感光度数值即表示感光元件对光线的感光敏锐程度。数值越大，感光能力越强；数值越小，感光能力越弱。

常用的感光度为100、200、300、400、800、1600、3200、6400等，目前，中低端数码相机也达到了这个感光度的区间，而中高端数码相机则达到了12800、25600等，在顶级的机皇中，如尼康的D3s、佳能的1D Mark IV等，感光度达到了恐怖的102400。

焦距85mm / 光圈F2 / 快门速度1/80s / 感光度2000

感光度与噪点

数码单反相机在工作时，电子感光元件由于受电路的光电磁干扰，会出现不同程度的噪点。感光度越高，被干扰的程度就越大，感光元件中信号被放大器放大的部分就越多，产生的噪点就越多。

所以低感光度画面清晰、细腻、细节表现好，而高感光度虽然对光线更加敏感，但会出现太多的噪点和杂色，细节纹理、色彩饱和度、画面反差都会受影响，严重降低了照片的质量。

焦距85mm / 光圈F2 / 快门速度1/200s / 感光度200

▶ 右侧上图是采用ISO2000拍摄的照片，可以看到很明显的噪点，这还是使用Canon EOS 1D Mark IV这种顶级相机拍摄的，否则噪点还会更多。而右侧下图是EOS 50D相机拍摄的，由于采用了较低的感光度，因此画面几乎没有任何噪点

曝光模式

曝光模式的概念与作用

在不同级别的数码单反相机上，配备了不同的曝光模式。这种差异主要体现在智能拍摄模式上，例如在入门级别的佳能 EOS 600D 上，拥有除傻瓜化的全自动模式以外，还包括了如人像、风光、微距、运动以及夜景人像等多种智能模式，而在较高端的 EOS 5D Mark II 上，上述智能模式已经全都不存在了，取而代之的是更高级的 C（自定义）模式。

▲ 佳能EOS 600D（左）与EOS 5D Mark II 的曝光模式转盘（右）

焦距70mm / 光圈F3.2 / 快门速度1/500s / 感光度160

▶ 拍摄人像时，就可以采用人像模式或光圈优先模式，以通过控制光圈大小的方式，控制画面的景深，最终得到具有柔美虚化效果的照片

那么，这些曝光模式有什么作用呢？简单来说，曝光模式就是一个决定相机参数是由摄影人员还是相机来控制的选择，上一节中也已经说过，在全自动这种傻瓜模式下，所有的拍摄参数都是由相机决定的，而如果是人像、风光等智能模式下，我们可以有少量的参数进行控制，而在全手动模式下，则所有的相机参数都由摄影人员来控制。

焦距400mm / 光圈F5.6 / 快门速度1/8192s / 感光度1600

▶ 选择较高级的光圈优先模式，配合阴影白平衡设置得到金色的夕阳

全自动模式

全自动模式也叫“傻瓜拍摄模式”，从摄影的角度看，可以说是毫无用处的模式，而且几乎无法从中提高自己的摄影水平，仅限于记录一些简单画面。

▶ 在各方面条件都比较好的情况下，全自动模式也能拍摄到不错的照片效果

焦距135mm / 光圈F22 / 快门速度1/300s / 感光度125

全自动模式使用说明

- 优点：无需操心任何事，可以快速进入拍摄状态，容易拍摄照片。
- 注意：一切由相机控制，用户可调整的空间很小。

全自动（禁止使用闪光灯）模式

在弱光环境下，全自动模式会自动弹出闪光灯进行补光，如果受环境制约不能使用闪光灯时（如博物馆、海底世界），则可以切换至此模式，但由于光线不足，拍摄时很容易因为相机的震动而导致成像模糊，所以最好能使用三脚架拍摄。

▶ 在室内拍摄时，如果要充分表现室内的气氛，则一定要关闭闪光灯

焦距24mm / 光圈F8 / 快门速度1/300s / 感光度200

全自动（禁止使用闪光灯）模式使用说明

- 优点：除关闭闪光灯外，其他方面与全自动模式完全相同。
- 注意：如果需要使用闪光灯，一定要切换至其他支持此功能的模式。

焦距85mm / 光圈F2.5 / 快门速度1/800s / 感光度100

人像模式

使用此模式，将在当前最大光圈的基础上，进行一定的收缩，以保证较高的成像质量，并使人物的脸部更加柔美、背景呈漂亮的虚化效果。在光线较弱的情况下，相机会自动开启闪光灯进行补光。

按住快门不放即可进行连拍，以保证在拍摄运动中的人像时，也可以成功地拍下运动的瞬间。在开启闪光灯的情况下，无法进行连拍。

人像模式使用说明

- 优点：能拍摄层次丰富、肤色柔滑的人像照片，而且能够尽量虚化背景，突出主体。也适用于拍摄静物、花卉等题材。
- 注意：当拍摄风景中的人物时，色彩可能较柔和。

◀ 利用人像模式，相机将自动使用较大的光圈，从而拍摄得到柔美的虚化效果

风景模式

使用风景模式时，可以在白天拍摄出色彩艳丽的风景照片，并为了保证足够的景深，而自动缩小相机的光圈。

在此模式下，闪光灯将被强制关闭。

▶ 使用较大的景深拍摄得到整体都非常清晰的画面

焦距48mm / 光圈F8 / 快门速度1/125s / 感光度200

风景模式使用说明

- 优点：色彩鲜明、锐度较高。也可用于拍摄建筑等需要较大景深的题材。
- 注意：即使在光线不足的情况下，闪光灯也一直保持关闭状态。

微距模式

微距模式适合拍摄花卉、静物、昆虫等微小物体。在配合微距镜头使用该模式时，拍摄到的主体更大，清晰度也会更高，明显比全自动模式拍摄的效果好。

拍摄时，如果使用的是变焦镜头，应调至最长焦端，这样能使拍摄到的主体在画面中显现得更大。

如果相机识别到现场的光照条件较弱，会自动开启闪光灯。

焦距100mm / 光圈F5.6 / 快门速度1/320s / 感光度100

▶ 配合微距镜头及较强的自然光线，拍摄得到细节的花蕊，以及晶莹的水滴效果

微距模式使用说明

- 优点：方便进行微距摄影，色彩和锐度较高。
- 注意：如果要使用小光圈获得大景深，则需要使用其他拍摄模式。

运动模式

使用此模式时，相机将使用高速快门以确保清晰地拍摄动态对象，该模式特别适合凝固运动对象的瞬间动作，适合拍摄运动的人像、动物等题材。

为了保证精准对焦，相机会自动跟踪运动的主体进行连续对焦。

保持按下快门时，可以根据相机的不同性能，提供连拍功能以进行多张拍摄，然后在拍摄结果中找出最完美的一张照片即可。

焦距200mm / 光圈F5.6 / 快门速度1/500s / 感光度100

▶ 使用运动模式并按下快门进行连拍，从而准确捕捉到正在飞翔中的鸟儿

运动模式使用说明

- 优点：以高速快门可以清晰地拍摄运动对象。
- 注意：当光线不足时会自动提高感光度数值，画面可能会出现较明显的噪点。如果要使用慢速快门，则应该使用其他模式进行拍摄。

夜景人像模式

虽然名为夜间人像模式，但实际上，只要是在光线比较暗的情况下拍摄人像或其他需要类似的题材，都可以使用此模式。

选择此模式后，数码相机会自动打开内置闪光灯，以保证人物获得充分的曝光，同时，该模式还兼顾了人物以外的环境，即开启慢速闪光同步功能，在闪光灯照亮人物的同时，慢速快门使画面的背景也能获得充足的曝光。

▶ 在夜景人像模式下，自动启用了闪光灯及较大的光圈，从而成功为前景中的人物补光，背景也得到漂亮的虚化效果

焦距100mm / 光圈F5.6 / 快门速度1/60s / 感光度640

夜景人像模式使用说明

- 优点：保持画面背景中也拥有足够的曝光。
- 注意：依据环境的光线不同，快门速度可能会很低，因此建议使用三脚架保持相机的稳定。

程序自动模式 P

简单来说，程序自动模式在高级模式中，就如同前面讲解的全自动模式，只不过该模式锁定了快门及光圈参数，其他的如ISO感光度、白平衡、曝光补偿和闪光灯等，都可以根据需要进行设定。

此模式最大的优点是操作简单、快捷，这对新闻、纪实等需要大量抓拍的拍摄题材而言非常有用。

选择此模式后，可以转动主拨盘来选择不同的曝光组合。

▶ 使用程序自动模式进行快速的抓拍

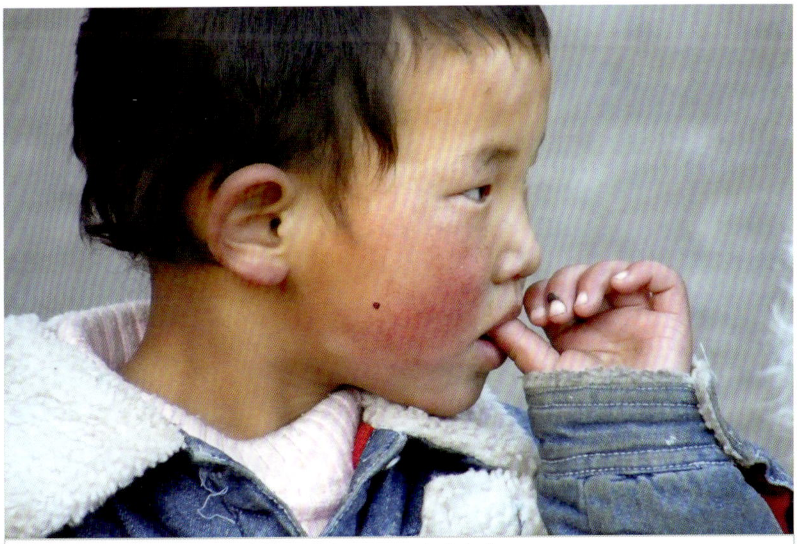

焦距84mm / 光圈F4.5 / 快门速度1/150s / 感光度800

程序自动模式使用说明

- 优点：可任意调整多种不同的曝光组合，适合抓拍。
- 注意：在周围环境较暗时，要注意提高感光度，或开启闪光灯。在半按快门的过程中，可以转动主拨盘改变曝光组合。当拍摄完毕后，将自动恢复到改变前的曝光组合。

快门优先模式

在快门优先模式下，可以为快门指定一个速度，然后数码相机会自动计算光圈的大小，以获得正常的曝光，如果光圈无法满足正常曝光亮度的需要，会显示出错误提示，因此，在拍摄时要特别注意，避免因此而导致拍摄的照片曝光不足。

较高的快门速度可以凝固动作或者移动的主体，适合拍摄体育、动物等运动的题材；较慢的快门速度可以产生模糊效果，从而产生动感，常用于拍摄水流、星轨、光轨等题材。

焦距320mm / 光圈F6.3 / 快门速度1/150s / 感光度400

▲ 以1/1500s的快门速度凝固了飞鸟飞翔的瞬间

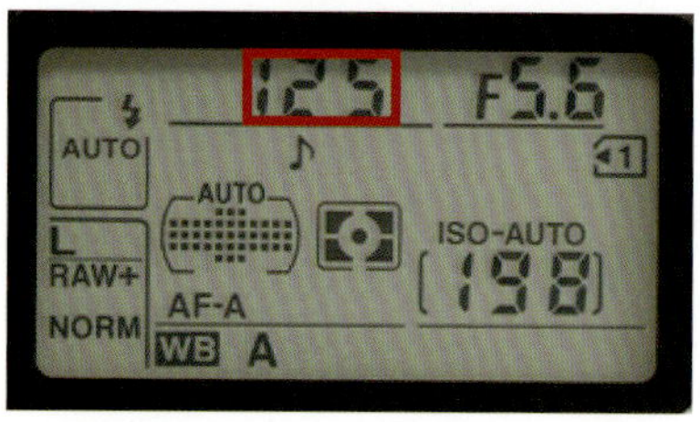

▲ 转动主指令拨盘调节快门速度（Nikon相机）

快门优先模式使用说明

- 优点：可根据要曝光的时间选择不同的快门速度。
- 注意：如果选择的快门速度过高，则可能会出现曝光不足的问题；反之，如快门速度过低，则可能会出现曝光过度的问题。

焦距70mm / 光圈F18 / 快门速度20s / 感光度200

▲ 以20s的曝光拍摄得到长长的车流效果

光圈优先模式

在光圈优先模式下，相机将会根据当前设置的光圈自动计算出合适的快门速度。

在前面的讲解中已经提到，光圈对景深有着很大的影响，因此使用此模式，就可以根据景深的需要来设置光圈值，例如拍摄小景深的人像、静物时，就设置较大的光圈，反之，拍摄风光、建筑等题材时，就使用较小的光圈。

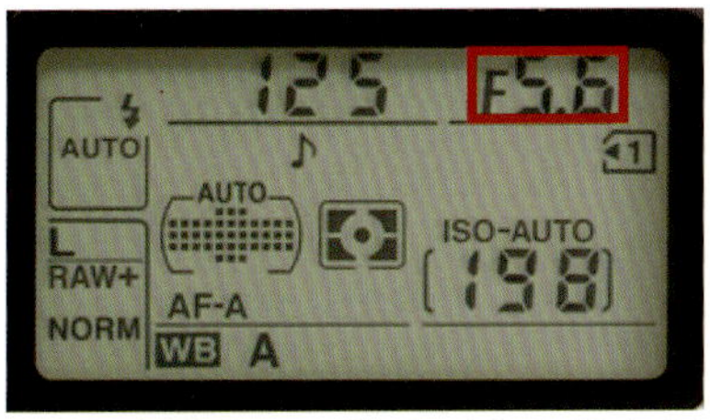

▲ 在此模式下，转动副指令拨盘调节快门速度（Nikon相机）

焦距200mm / 光圈F3.2 / 快门速度1/166s / 感光度200

▶ 利用光圈优先模式以F3.2的大光圈，拍摄得到背景虚化强烈的效果

光圈优先模式的使用注意

- 在使用大光圈时，要注意快门速度不要超出相机的极限。如果有，则应降低感光度或光圈。
- 使用小光圈时，要注意快门速度不要低于安全快门，以免引起画面的抖动。如果有，则可适当提高感光度或光圈。

焦距65mm / 光圈F14 / 快门速度1/3s / 感光度250

▶ 使用F14的小光圈拍摄得到大景深的风光画面，画面前后的景物都非常的清晰

手动模式

手动模式是真正意义上的高级模式，相机中所有的参数全部由摄影人员自行设置，可以在环境不变的情况下，拍摄得到曝光统一的照片，同时也可以很方便地调整光圈及快门速度值，从而迅速改变曝光组合，及时应对各种环境的变化。

可以说，手动拍摄模式适用于所有题材的拍摄，但并非每个人都能掌握，并迅速上手。

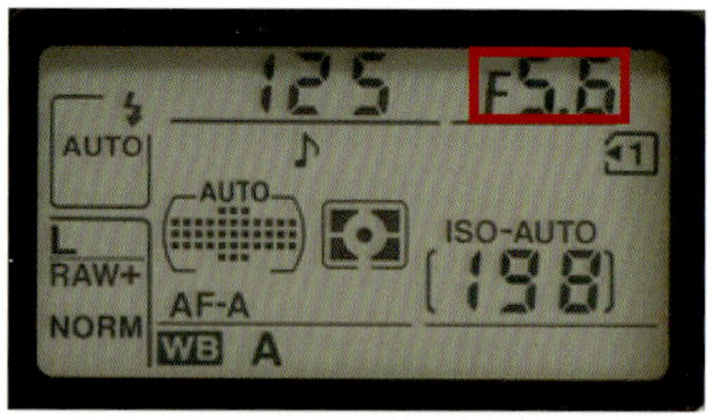

▲ 转动主拨盘可以改变快门速度值；转动副拨盘可以改变光圈值（Nikon相机）

焦距85mm / 光圈F2.5 / 快门速度1/200s / 感光度320

▲ 手动模式下拍摄的照片

▲ 利用手动模式拍摄得到的曝光一致的照片效果

手动模式的使用技巧

在手动模式下，虽然所有的参数都需要自定义设置，但相机仍会给出一定的曝光提示。例如下图的指示即代表画面曝光不足，比如正常测光结果低 1.3 挡曝光，此时可以根据提示进行适当调整。

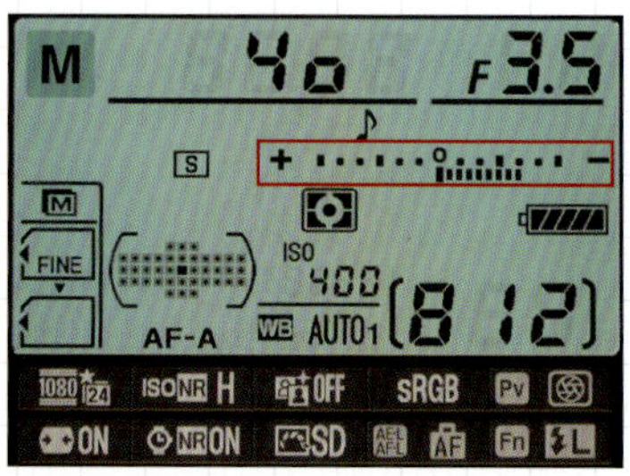

在影棚摄影中，经常使用影室灯进行布光拍摄，因此也经常使用手动模式，以一定的曝光组合进行拍摄。

焦距85mm / 光圈F2.1 / 快门速度1/25s / 感光度800

▲ 室内布光拍摄的人像作品

曝光补偿

从原理上说，曝光补偿影响着最终的曝光结果，但却与光圈、快门速度及感光度不同，曝光补偿是在这三者的曝光结果基础上进行一定的校正。

当曝光补偿增加一挡，由于要吸收更多的光线以提亮照片，因此快门速度会降低一倍；反之，曝光补偿减少一挡，由于照片整体变暗，因此快门速度会提高一倍。

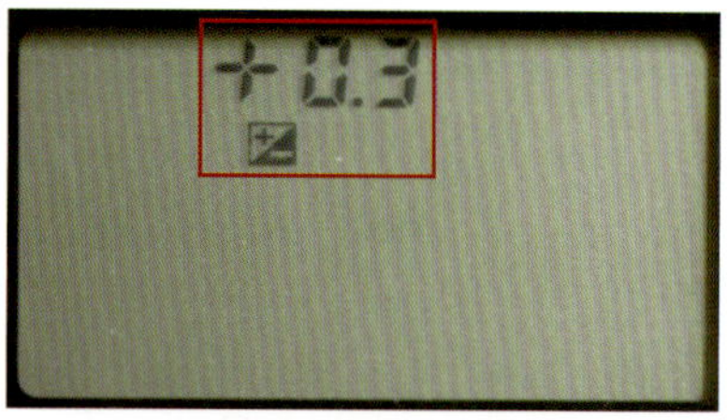

▲ 按下曝光补偿按钮，然后转动主拨盘即可调整曝光补偿数值

焦距550mm / 光圈F6.3 / 快门速度1/320s / 感光度250

▲ 降低0.7挡曝光补偿，使白色的羽毛更有层次

曝光补偿的使用技巧

- 浅色画面：当画面存在大面积的浅色时，应适当增加曝光补偿，使浅色不会变得灰暗。
- 黑色对象：当画面存在大面积的深色时，应适当降低曝光补偿，使深色变得更纯更暗。
- 人像：在柔光环境下，适当增加半挡至 1 挡曝光补偿，可以让皮肤显得更加柔嫩。
- 风光：当拍摄天空时，受阳光影响，容易产生曝光过度的问题，此时可以适当降低 0.3~1 挡的曝光补偿。

▲ 在柔光环境下拍摄人像时，可适当增加一些曝光补偿，使皮肤更白皙柔嫩

测光

数码相机中常用的测光模式有矩阵测光、中央重点测光与点测光 3 种，它们的工作方式不同，得到的测光结果自然也有所差异。

所有的智能曝光模式（包括程序自动、光圈优先及快门优先等高级模式）都需要依据测光模式，获得最终的曝光组合参数，然后再依据该参数进行拍摄。

即使是在手动模式下，在前面也讲解过，相机将依据当前的测光模式，在曝光指示器上给予曝光过度或不足的提示。因此，也可以说，测光才是获得准确曝光的重要前提与基础。

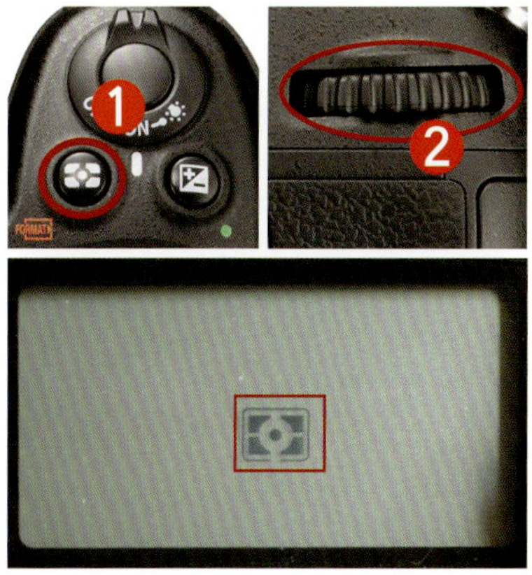

▲ 按下测光模式按钮，转动主指令拨盘即可选择不同的测光模式（Nikon相机）

矩阵测光

矩阵测光是最常用的测光模式，它是依据画面整体的光线进行判断曝光组合，因此，拍摄得到的照片，在光影上较接近原始的环境，较适用于日常、风光、纪实及建筑等题材的拍摄。

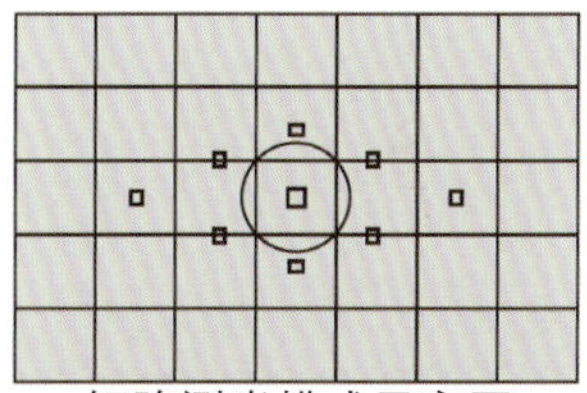

矩阵测光模式示意图

焦距28mm / 光圈F4 / 快门速度1/60s / 感光度400　　▲ 对画面整体进行测光，获得准确的曝光结果

中央重点测光

在中央重点测光模式下，测光会偏向取景器的中央部位（约 70%），但也会同时兼顾其他部分的亮度。中央重点测光模式也是一种高级测光模式，在人像摄影中通常都会采用这种测光模式。

▶ 使用中央重点测光模式，可以依据画面靠中间的人像作为测光的重点，从而拍摄到曝光较正常的结果

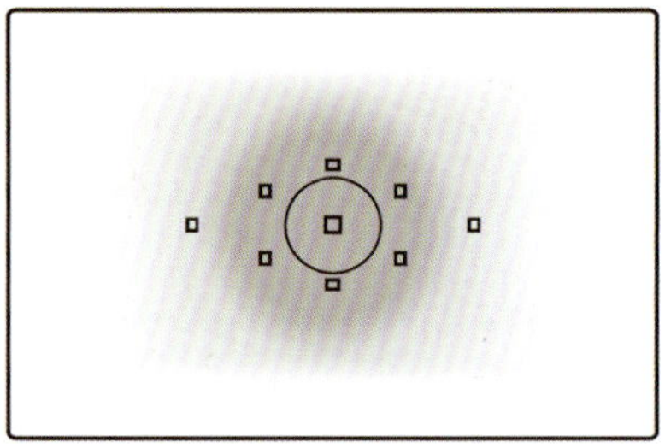

▲ 中央重点测光模式示意图

焦距200mm / 光圈F3.2 / 快门速度1/320s / 感光度200

点测光

点测光是一种高级的测光模式，相机只对画面中央区域的很小部分（也就是光学取景器中央对焦点周围的约 2.8% 区域）进行测光，因此具有相当高的准确性。当主体和背景的亮度差异较大时，最适合使用点测光模式拍摄。

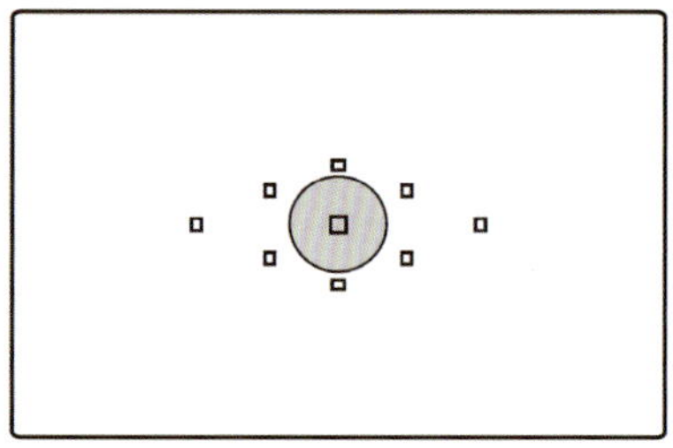

▲ 点测光模式示意图

焦距400mm / 光圈F11 / 快门速度1/2000s / 感光度500

▲ 使用点测光模式对鸟儿进行测光，得到准确的曝光结果，很好地表现出羽毛的层次

点测光模式的使用技巧

- 当测光后要重新构图时，为避免重新测光，导致曝光结果不准确，可以按下曝光锁定按钮。尼康相机为 AF-L，佳能相机为 *。
- 可以先使用点测光模式进行测光，获得准确的曝光结果后，再切换至手动模式，按照刚刚的曝光参数进行设定，以避免重新构图时影响曝光结果。
- 拍摄白色或浅色对象时，在现有的测光结果上，可以适当降低 0.3~0.7 的曝光补偿，以确保白色或浅色区域的曝光准确。

锁定曝光

通过锁定曝光，可以将之前的测光结果锁定，以避免在重新构图或改变变焦时相机再次进行测光，导致曝光结果出现变化的问题。

▶ 在此照片中，先是使用200mm的长焦距在人物面部位置进行测光（上），按下锁定曝光按钮后，再重新调整焦距、对焦，然后按下快门按完成拍摄（右）

焦距70mm / 光圈F2.8 / 快门速度1/400s / 感光度200

佳能相机锁定曝光的方法

对于佳能相机，可以按下右上方的自动曝光锁按钮，以锁定当前的曝光结果。

尼康相机锁定曝光的方法

对于尼康相机，可以按下右上方的AE-L/AF-L 按钮，以锁定当前的曝光结果。当然，在此之前，我们需要在其菜单中进行一定的设置，以指定按下此按钮时要执行的操作。

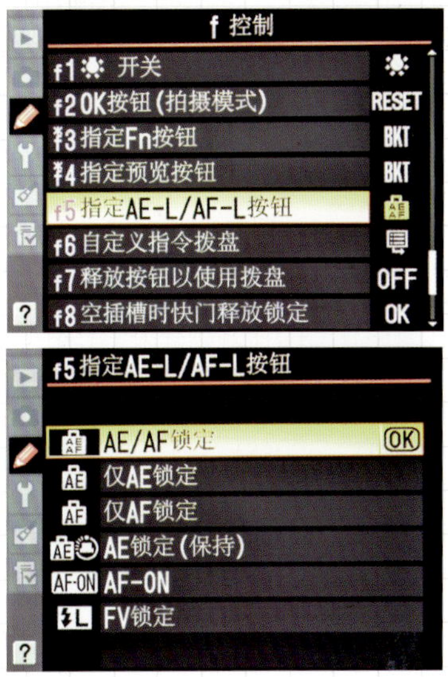

包围曝光

包围曝光的概念与设置

当我们不能确定当前的曝光结果是否满意时，可以使用包围曝光功能，默认情况下连续拍摄 3 张相同的画面，通过适当的设置，相机将分别采用增加曝光、正常曝光以及减少曝光的 3 种不同结果，然后再从中选择比较满意的即可。

另外，在风光摄影中，使用此功能拍摄到不同曝光的照片，还可以进行后期的 HDR 合成，得到高光、中间调及暗调都充满丰富细节的照片。

在实际使用时，如果是使用单拍模式，需要按下 3 次快门才能完成自动包围曝光的拍摄，如果是使用连拍模式，则按住快门不放并连续拍摄 3 张照片即可。

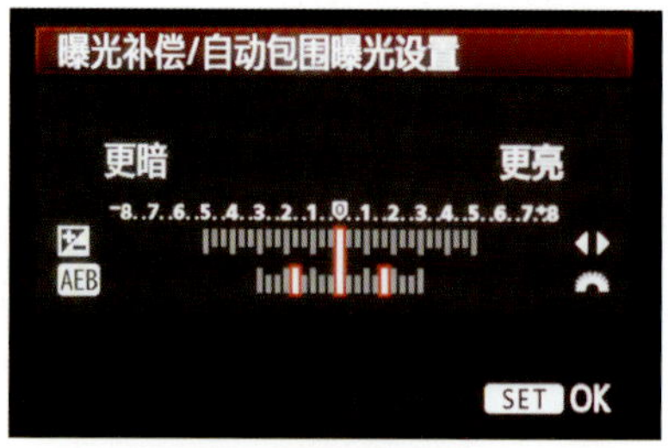

▲ 转动主拨盘可以设置自动包围曝光的强度（佳能相机）

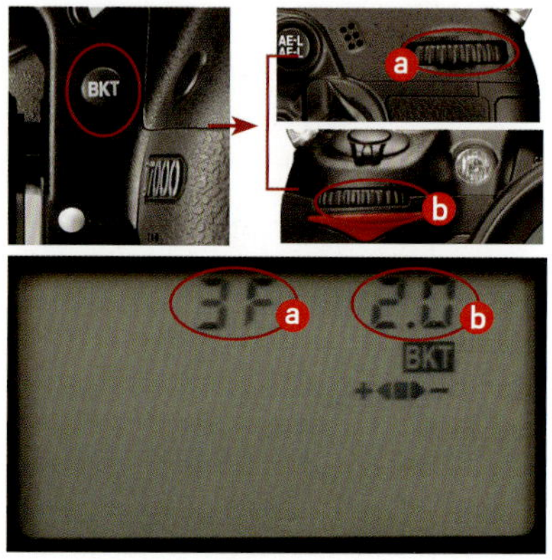

▲ 按下BKT按钮，转动主指令拨盘可以调整拍摄的张数；转动主指令拨盘可以调整包围曝光的范围（Nikon相机）

在Photoshop中合成HDR照片

本例主要讲解如何对多张照片合成高动态 HDR 图像。在合成的过程中，主要利用了自动化功能中的“合并到 HDR Pro”命令。

1. 分别打开文件“素材1.JPG”～“素材3.JPG”，如下图所示。

素材图像1

素材图像2

素材图像3

2. 选择“文件”|“自动”|“合并到HDR Pro”命令，在弹出的对话框中单击“添加打开的文件”按钮。
3. 单击“确定”按钮退出对话框，在弹出的提示框中直接单击“确定”按钮退出，数秒后弹出“手动设置曝光值”对话框，单击向右 > 按钮，使上方的预览图像为“素材3”，然后设置“EV”的参数。
4. 按照上一步的操作方法，通过单击向左或向右按钮，分别设置“素材2”和“素材1”的“EV”数值为–2、0，单击“确定”按钮退出后，接着弹出“合并到HDR Pro”对话框。

▲ 手动设置曝光值

▲ 最终效果图

白平衡

白平衡的作用是让相机对拍摄环境中不同光线和色温造成的色偏进行修正，准确地还原被摄物的真实色彩。

数码单反相机中都内置了多种预设白平衡，如自动、日光、阴影、阴天、白炽灯、荧光灯及闪光灯等。

除了正确的运用白平衡，还原物体的真实色彩外，我们还可以使用“错误”的白平衡获得特殊的色彩效果。

白平衡的使用技巧

- 如果要获得多种白平衡拍摄方案，可以使用RAW格式进行拍摄，在后期编辑时，可以选择不同的预设或手工调整色温。
- 在拿不定主意的情况下，可以选择不同的白平衡，分别拍摄多组照片，然后从中挑选一个比较满意的色彩方案。
- 目前各级别的最新机型在色彩的捕捉能力上都有了很大的提高，如果不追求特殊的色彩，即使使用AUTO模式，也可以得到较好的效果。

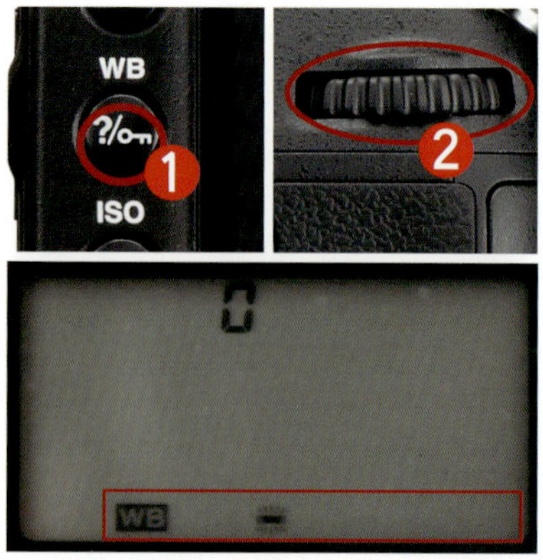

▲ 对于尼康相机而言，在机背上按下WB键，然后转动主指令拨盘即可选择不同的白平衡

以下是使用各不同预设白平衡拍摄同一场景时得到的结果。

自动白平衡

日光白平衡

阴天白平衡

阴影白平衡

白炽灯白平衡

荧光灯白平衡

闪光灯白平衡

自定白平衡（一）

自定白平衡（二）

▲ 同一场景下使用不同白平衡拍摄得到的不同色彩示意图

焦距135mm / 光圈F1 / 快门速度1/3200s / 感光度200

▲"错误"的使用阴影白平衡拍摄到的金色夕阳

自动对焦

单次自动对焦

使用单次自动对焦模式对焦成功之后，直至释放快门为止，数码相机将不再继续进行对焦，因而具有较高的准确性，适用于风光、建筑、静物、摆拍人像等多种题材。

当在拍摄过程中需要进行重新构图时，可以保持半按快门状态，然后重新构图，在确认后按下快门拍摄即可。

焦距70mm / 光圈F3.5 / 快门速度1/60s / 感光度200

▲使用单次自动对焦保证了对花蕊进行对焦的准确性

连续自动对焦

连续自动对焦又称为人工智能伺服自动对焦，半按快门时，数码相机会进行一次自动对焦，保持半按状态，数码相机会一直跟踪运动物体进行对焦。这种模式具有焦点预测功能，当运动物体以恒定的速度移动时，数码相机的对焦系统会根据该速度预测图像拍摄瞬间的焦点位置。

此对焦模式适合拍摄体育运动、儿童、野生动物等题材，此外，如果拍摄者自身处于运动状态，在拍摄静止物体时也可以使用。

焦距168mm / 光圈F4 / 快门速度1/2500s / 感光度400

使用连续自动对焦模式准确的捕捉到鸟儿们飞翔的瞬间

自动伺服自动对焦

自动伺服自动对焦又称为人工智能自动对焦，是一种自动切换对焦模式，即根据拍摄对象来自动选择单次对焦还是连续对焦。

拍摄对象静止时，数码相机自动选择单次自动对焦；对象运动时，数码相机会自动切换到连续自动对焦模式。当不能确定被摄对象在拍摄的瞬间会处于什么状态时，选择这种模式具有很大的优势。另外，在要求不高的情况下，使用此功能也可以很智能化地进行对焦。

焦距260mm / 光圈F9 / 快门速度1/320s / 感光度400

正在进食中的松鼠不太有动起来的可能，使用自动伺服自动对焦模式已经完全可以满足拍摄需求

手动对焦

当需要进行非常精确的对焦，或对焦对象很复杂情况下，自动对焦功能也许并不能满足我们的对焦需求，此时还是手动对焦拍摄更为准确一些。

在手动对焦时，建议开始实时取景功能，以便在显示屏上更清晰地观察对焦结果。

▲ 将镜头上的对焦模式开关开至MF即为手动对焦，然后拧动对焦环进行对焦即可

手动对焦的常见用途

- 反差极小的被摄体，如单一色调的墙等。
- 被摄体处于十分微弱或强烈的光线下。
- 微距摄影中。
- 距离很近且形状重叠的被摄体，如笼中的宠物等。

焦距105mm / 光圈F4.5 / 快门速度1/320s / 感光度200

▶ 在微距摄影中，由于需要很高的对焦精度，此时手动对焦才是最好的选择

对焦点

当对焦完成后重新构图时，有可能会因为移动了位置，导致对焦略有一些不准，因此，可以采用手选对焦点的方式，按照预想的构图方式，将对焦点移至要对焦的位置或其附近，这样可以尽可能地避免在重新构图时发生失焦的问题。

主流的数码单反相机都具有 11、19 或 39 个对焦点，对焦点越多，此时可以进行选择的范围就越大，也越容易对焦。

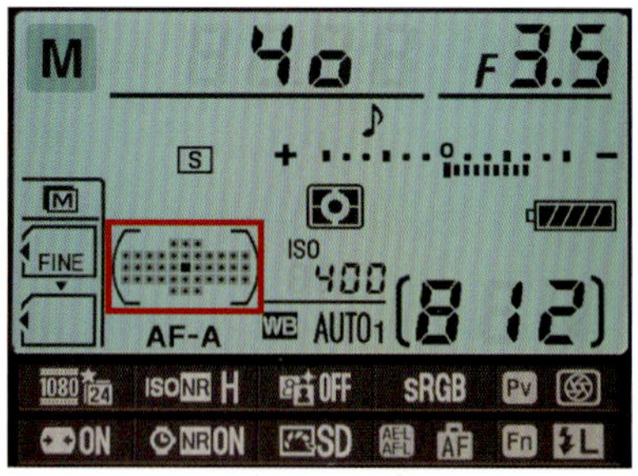

▲ 尼康相机可按下相机背面的多重选择器，即可调整对焦点的位置

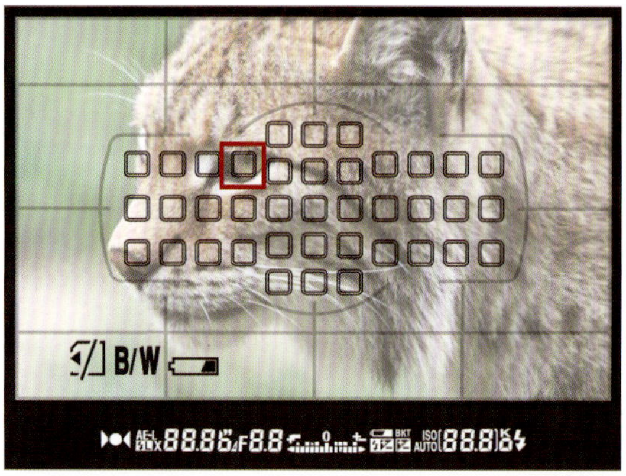

◀ 使用39个对焦点中的一个，对动物的眼睛进行对焦，从而在不需要改变构图的情况下，就可以直接进行对焦、拍摄，尽可能避免了重新构图时出现的失焦问题

▲ 佳能相机可按下相机背面右上方的按钮，转动主拨盘或速控拨盘，即可调整单个对焦点的位置

焦距400mm / 光圈F5.6 / 快门速度1/100s / 感光度500

▲ 对动物的眼睛进行对焦，拍摄得到清晰的画面效果

驱动模式

自拍

自拍模式多提供了 2 秒、10 秒以及遥控等多种模式，可用于平时的自拍照、家人和团体合影等，另外，也可用于为了防止手动按下快门可能引起的相机震动，因此采用此驱动模式，这样可以最大限度地避免画面变虚等问题。

需要自拍或合影时，将相机固定在三脚架上，设置好自拍模式和所需时间，调整好姿势，露出最甜美的表情，等待数码相机自动拍摄即可。在拍摄时，设定时间的最后 2 秒，数码相机的指示灯将停止闪烁，且蜂鸣音变快。

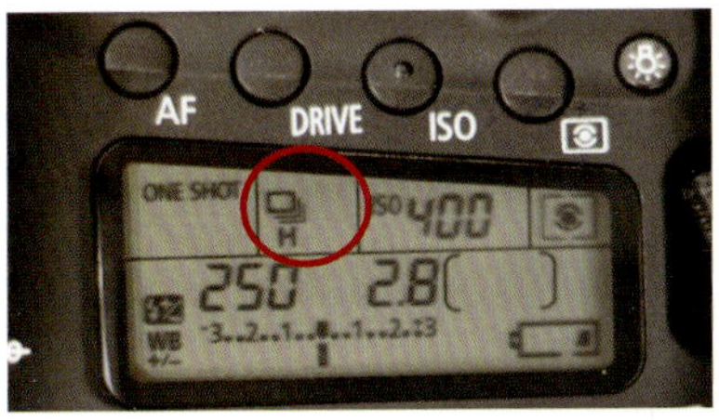

▲ 在佳能相机的肩屏上按下<DRIVE>按钮，然后旋转主拨盘或者速控拨盘，可以在不同驱动模式之间进行切换选择

焦距20mm / 光圈F3.2 / 快门速度1/49s / 感光度640

▲ 利用10秒自拍功能，可以从容地在按下快门后进行摆姿，然后静待拍摄就可以了

单拍

单拍即在每次按下快门时，直至快门释放为止，仅拍摄一张照片，在摆姿人像、静物、花卉、植物、风光及建筑等题材中经常使用。

焦距31mm / 光圈F4 / 快门速度1/40s / 感光度100

▶ 这种静态人像题材，使用单拍模式即可满足拍摄需求

连拍

连拍即在每次按下快门时，直至快门释放为止，将拍摄多张照片。在单位时间内，可连拍的数量与设置的照片格式、尺寸以及相机本身的连拍性能有很大关系。例如尼康中端相机 D90 可以达到 4.5 张／秒的连拍速度，这已经可以满足绝大部分的日常拍摄需求了。

连拍模式在运动人像、动物、新闻、体育、动物等题材中运用得较为广泛，以便于记录精彩的瞬间。在拍摄完成后，从其中选择效果最佳的一张或多张即可。

焦距85mm／光圈F2／快门速度1/1000s／感光度100

此图就是采用连拍模式，捕捉模特跳跃的动作，并从中选择出姿势最优美的一张

高光与暗调优化

风光摄影中经常遇到明暗对比较强的光线环境，此时很容易由于曝光问题造成亮部的曝光过度，或暗部的曝光不足，而使用相机自带的优化功能，则可以在不同程度上校正此问题。

在功能上，尼康相机称为“动态 D-Lighting”，而佳能相机则称为“自动亮度优化”，二者在功能上基本相同，都是可以设置不同的优化强度。另外，尼康相机多了一个“自动”选项，便于自动控制是否对高光与暗调区域进行优化。

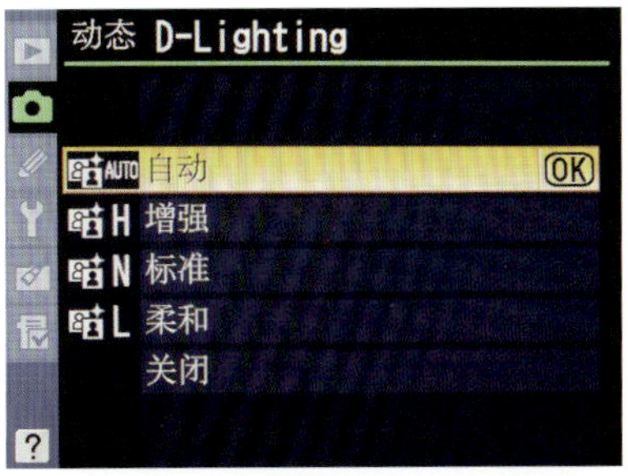

▲尼康“动态D-Lighting”菜单

▲佳能“自动亮度优化”菜单

▲优化前的效果，可以看出画面中礁石的暗部细节并不多

高光与暗调优化功能的使用注意

优化的强度越高，则高光与暗调区域被恢复的细节就越多，但也会影响图像的质量，例如暗调区域可能会带有一定数量的噪点及杂色。

焦距35mm / 光圈F18 / 快门速度1/30s / 感光度200

▶设置优化为中等强度时，优化后的整体效果。可以看出，暗调部分的礁石及天空中的高光区域都显露出了更多的细节

B门模式

如果要拍摄需要长时间曝光的风光摄影题材，如星轨、多重烟火。仅仅通过依靠设置快门优先曝光模式的快门速度是不行的，此时可以将曝光模式设置成 B 门模式。

尼康及佳能低端相机，需要在手动模式下切换至 B 门，以进行自定义时间的曝光。

切换至 B 门的具体方法是，在手动模式下降低快门速度至 30s 后，再继续降低快门速度即可切换至 B 门，此时原来显示快门速度的位置将显示 BULB。

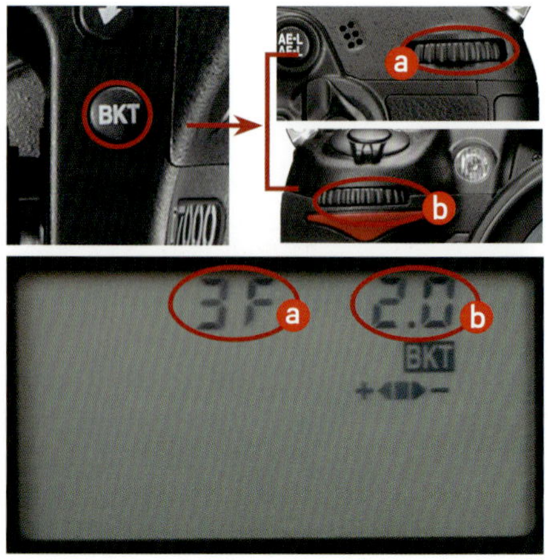

▲ 以尼康为例，在相身的侧面按下BKT按钮，转动主拨盘可以调整拍摄的张数；转动副拨盘可调整包围曝光的范围

▼ 切换至B门以后，通过1300多秒的曝光时间拍摄得到的星轨效果

焦距24mm / 光圈F16 / 快门速度1/130s / 感光度200

在手动模式下拍摄全景图

在风光摄影中如果要拍摄超宽的场景，如海面、湖面、草原、沙漠，即使用最大的广角镜头，也未必能够拍摄到足够宽广的画面，但如果按下面讲解的在手动模式下拍摄全景图的步骤，则可以拍摄并合成出令人满意的画面。

1. 使用带有三维云台（球型云台亦可，但操作起来较麻烦）的三脚架，以便更灵活、稳定地在水平方向上移动相机。
2. 首先测定需要的曝光组合。使用光圈优先模式，根据画面所需要的景深，将光圈设置成为F8～F16。
3. 如果使用脚架保持相机的稳定，则可以将感光度设置成ISO100～200左右；如果是手持拍摄，则可以根据需要适当提高感光度，进而提高快门速度。
4. 半按快门对要取景的大部分画面进行对焦及测光，记录下测试得到的快门速度。建议此时试拍一张照片，直至得到满意的曝光结果为止。根据需要，也可以对曝光进行适当的调整、改变白平衡等设置。
5. 切换至手动模式，按照上述测光结果设定光圈、快门速度及ISO感光度的数值。
6. 为保证画面的焦点一致，建议将对焦方式切换为手动对焦。即在镜头上将AF切换至MF，并保持之前对焦的位置不变。
7. 完成这一系列的设置后，可分别针对各分景图进行拍摄了，每次拍摄场景的一部分，然后水平转动相机，再拍摄下一部分，注意在两部分之间要有一定的重合，便于后期在软件中拼合。

拍摄全景图的注意

- 光线变化较大时，如日出、夕阳等，注意应在尽可能短的时间内完成拍摄，以免影响分景图的曝光。
- 广角镜头能制造大景深，同时会有透视效果，可能会造成景物的变形，所以最好选择中长焦焦距进行拍摄。要在第一张照片之后的拍摄中保持焦距不变，否则后期无法拼接。
- 拍摄完成后，可使用 Photoshop 中的“文件” | “自动” | “Photomerge”命令进行合成。

第 4 章 构图

同样的景物用不同的构图会呈现不一样的画面效果，为了体现被摄物的特色，应选择适合的构图方式以突出其特色，或使画面宽阔，或使画面均衡，或使主体突出等，本章详细讲解了各种构图的特点，以及在摄影中如何灵活运用。

构图技巧的使用

在讲解所有的构图技巧之前，首先我们要明白，下面讲解的这些构图技巧是经过众多摄影师们，经过海量的拍摄以及对经验的积累总结，最终形成的一些构图法则，它可以帮助我们在一些适合的场景下，快速进行构图，并得到具有美感的画面。

但要注意的是，这些构图规则仅是一部分安排画面的手段，而非全部，在使用时不要过分的追求形式，不能为了使用构图规则而使用。尽量不要在取景时想着套用某种构图规则，至少也应该是将自己需要表现的元素全部纳入之后，再根据画面所适合的构图规则进行适当调整。

总之，构图原则是为画面表现的主体和表现需求服务的，而不应该让它成为限制主体与表现的框架。

黄金分割

黄金分割构图法无论是对摄影，还是包括绘画、建筑等行业在内的艺术领域，都有着毋庸置疑的指导意义。

以右图所示的示意图为例，它代表了 a:c＝b:a＝5:8，而 y 点则被称为“黄金分割点”。在实际使用时，也会采用 2:3 或 3:5 等近似的比例。在摄影中，构图时把拍摄主体安排在黄金分割点的位置时，也能获得更佳的视觉效果。

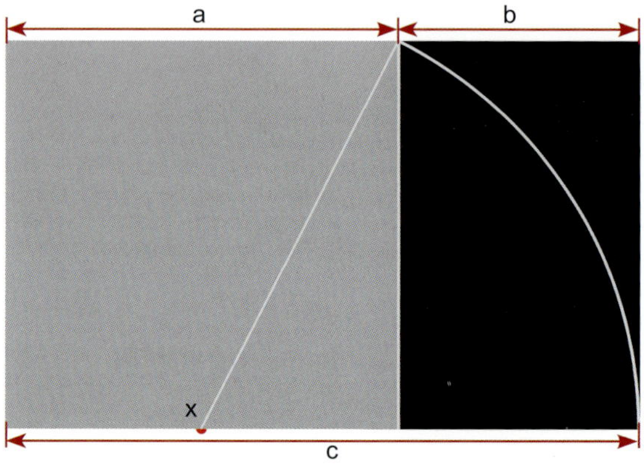

▲ 黄金分割法示意图

焦距85mm / 光圈F1.4 / 快门速度1/500s / 感光度100

▲ 使用黄金分割法，形成自然、亲切、平衡的画面

三分

三分构图法可理解成为黄金分割法的一个简化版，它将画面横、竖等分三份，每一份中心都可放置主体形态这种构图可以表现大空间，小对象，也可反相选择。

三分法构图，主体表现鲜明，构图元素简练，视觉感强烈。

▶ 将眼睛置于三分线的位置，是较常用的一种表现形式

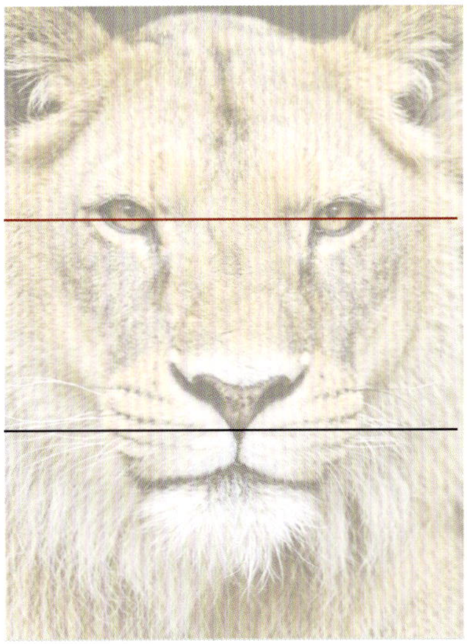

焦距400mm / 光圈F4 / 快门速度1/400s / 感光度640

▶ 将人物置于左侧垂直三分线的位置，使画面显得自然、不呆板

焦距135mm / 光圈F2.8 / 快门速度1/250s / 感光度100

九宫格

九宫格构图又称为“井”字形构图，它也是由黄金分割法直接深化而来，同时，我们也可以将它理解成为三分构图法的一个升级版，即仍然是将画面进行三等分，然后将主体元素置于三分线相交的 4 个交点中的任意一个上，这样形成的画面，也可以给人很舒服的视觉感受。

九宫格构图法的特点是，可以使画面有掎角之势，易于对各部分进行顾盼和照应。而且各交叉点的位置比较接近于画幅边缘的黄金分割点，因此，在视觉上容易获得较好效果。

焦距70mm / 光圈F5 / 快门速度1/1250s / 感光度200

将荷花的中心置于左上方的交点上，画面更显平衡、自然

对称

对称构图即指画面中的元素，以水平或垂直的直线作为中轴，左右或上下的相同或相近，从而形成稳定、深沉的画面效果。除了人体、动物、建筑等自身具有对称条件的对象外，还有如利用水面倒影形成对称的画面效果，也是非常常见的表现手法。

焦距30mm / 光圈F7.1 / 快门速度1/320s / 感光度200

以画面的垂直中心线作为轴，更具体地说，就是以画面中心的小屋作为对称中心，利用左右的栏杆，形成画面的对称感。而背景中右侧刚刚升起的太阳，使整体不显得过于呆板

焦距70mm / 光圈F4 / 快门速度1/500s / 感光度200

从正面拍摄闭着眼睛的狗狗，其五官及耳朵，形成了对称式的画面，狗狗吐出舌头、憨态可掬的样子，让画面更显风趣。

水平线构图

水平线构图是指在画面中存在水平的线条，最常见的当然是风光摄影中的地平线。使用这种构图方法，可以为画面营造出广阔和横向延伸的氛围，同时也会因水平线位置的不同，所表达出来的具体情趣也会不一样。

以水平的地平线作为画面的分割线，将上半部分的云彩及下半部分的山峰分隔开来，形成匀称、稳定的画面

焦距20mm / 光圈F6.3 / 快门速度1/160s / 感光度200

焦距16mm / 光圈F8 / 快门速度3.2s / 感光度100

▲ 水平线偏上以更多表现前景，增加画面空间感

垂直线

垂直线构图方式一般适合表现高耸的物体，比如树木、建筑、瀑布等，同时根据被摄主体的不同，表现方式也会有一定的差异。垂直线构图方式可以利用垂直线上下的延伸感使画面更加紧凑，如果合理地利用这种构图方式，可以使画面富有节奏感。

借助树木本身的线条，拍摄得到垂直构图的画面，表现出纵向的垂直感

焦距55mm / 光圈F9 / 快门速度1/100s / 感光度100

对角线

顾名思义，对角线构图法即指画面中的线条位于画面对角线的位置，从而增加画面的延展性。对于这样的构图，除了要有合适的题材外，摄影师细心地从画面中提取元素并进行适当调整构图也非常重要。

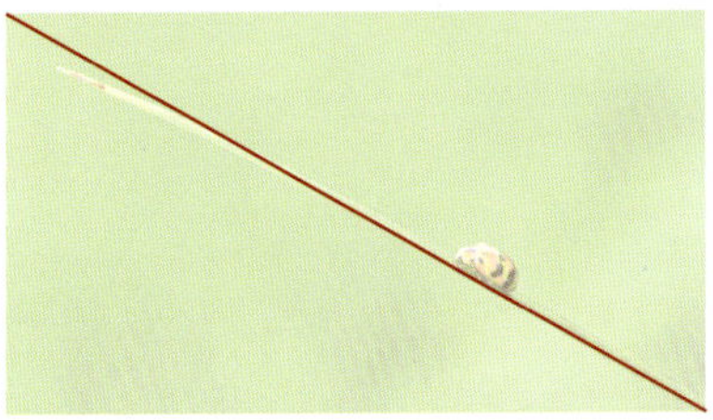

呈对角线式的叶子贯穿整个画面，上面的七星瓢虫虽然很小，但由于画面非常简洁，而且色彩对比强烈，因此变得十分突出

焦距60mm / 光圈F5.6 / 快门速度1/250s / 感光度100

斜线

相对于对角线构图的严格位置来说，斜线构图更加灵活，除了具有一定的增加画面延展性的功能外，更可以强化画面的动感，即使是静态的对象，使用斜线构图进行表现时，也可以为其增加动感，并使画面显得更为灵活。

焦距24mm / 光圈F3.5 / 快门速度1/500s / 感光度200

人物伸手去抓花束的动作，以斜线构图进行表现，更具有肢体上的张力感

交叉线

交叉线构图是指当画面中存在交叉的线条时，可以将画面分割成为多个部分，而被分割的画面应该较为简洁，此时，分割线及其交点处更容易成为画面的焦点。

焦距120mm / 光圈F18 / 快门速度1/320s / 感光度100

▲画面被分割成为4部分，交叉线上的人物成为点睛之笔

L形

L形构图在人像摄影中的应用较为广泛，主要表现在当人物采取坐姿时，身体形成自然的L形，能够使被拍摄的对象，在画面中看上去更舒展、修长。

▶配合人物的肢体语言，形成L形构图画面，给人稳定、自然、舒展的感觉

焦距85mm / 光圈F2.5 / 快门速度1/4000s / 感光度200

V形

V 形构图的重点在于这个 V 形构成的空间形态，在摄影中拍摄山、树等题材时，如两座山、两根树枝之间常出现 V 形的空间，这样的空间能够给人一种神秘的联想，使画面具有无限深远的感觉。

另外由于 V 形像展开双翅的雄鹰，以及胜利的手势，因此通常也能够给画面有斗争和拼搏的感觉。

焦距168mm / 光圈F9 / 快门速度1/250s / 感光度100

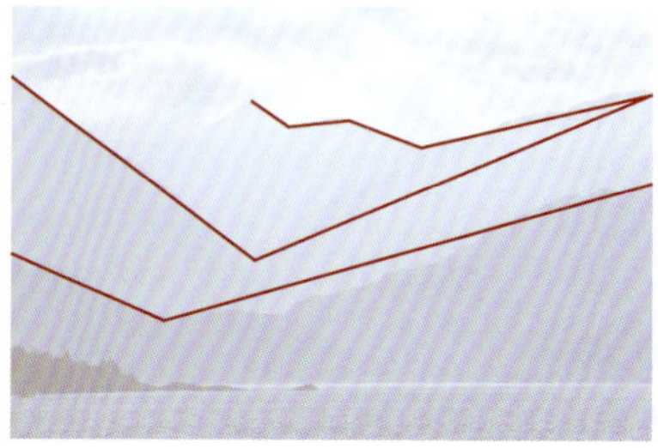

纵横交错在一起的群山，形成一个又一个V形，表现出其独有的空间感

放射线

放射线构图主要通过向上下左右延伸开来的对象形态来表现一种开放性和力量感。在拍摄时，可以充分利用画面中拍摄对象的造型及韵律感进行构图。另外，在拍摄密集的、带有线条的对象时，例如树林、城市中的大厦等，都可以利用广角镜头的优势，拍摄得到放射状的画面效果。

焦距24mm / 光圈F3.5 / 快门速度1/160s / 感光度200

利用叶子自身的放射状形态及韵律感，拍摄得到放射线构图画面，使之具有强烈的视觉冲击力

C形

有些物体本身也许不具备美感，我们就要多角度观察寻找，C形构图不但具有曲线美，而且能产生变异的视觉焦点，画面简洁。可以使画面看起来很有曲线美，不至于太呆板。C形构图随着题材和画面内容的改变，可在方向上任意调整。

▶ 由模特的身体造型构成画面的C形构图，突显了女性的柔美

焦距50mm / 光圈F4.5 / 快门速度1/125s / 感光度200

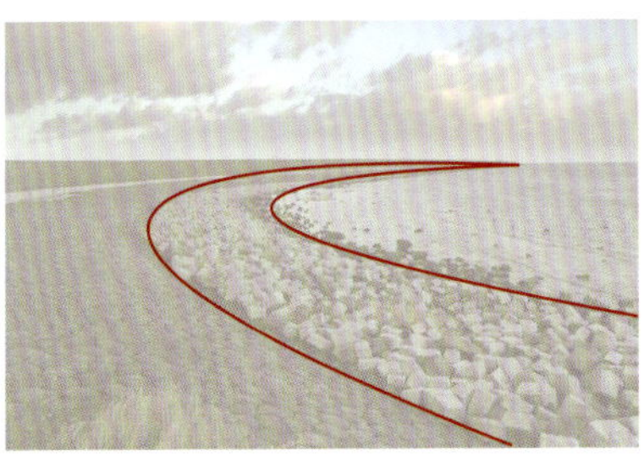

▶ 转弯处的道路，形成自然的C形，并渐渐消失在远方，形成强烈的空间感及纵深感

焦距35mm / 光圈F16 / 快门速度1/80s / 感光度200

S形

S 形构图使主体呈现 S 形的弯曲状态，更加富有变化，显得很优美。在人像摄影中，多使用 S 形构图表现女性的性感与柔美身材，而在风光摄影中，则较常见于表现弯曲的河流、道路等题材。

焦距37mm / 光圈F5.6 / 快门速度1/30s / 感光度200

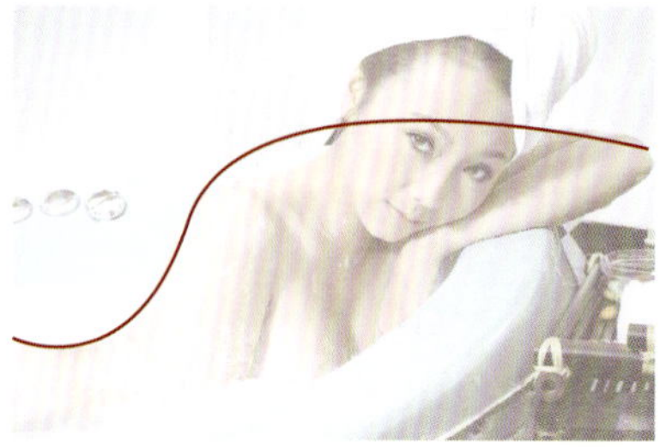

利用模特的身体曲线，充分表现出了其性感火辣的身材

圆形构图

圆形构图也属于曲线性构图，具有弧线和曲线，给人优美、柔和、丰满、优雅、美好和抒情的感觉。圆形构图像团聚在一起的美满幸福的家庭一样，给人以圆满完美之感，并能抒发出音乐的节奏感和旋律感。

焦距12mm / 光圈F11 / 快门速度1/40s / 感光度200

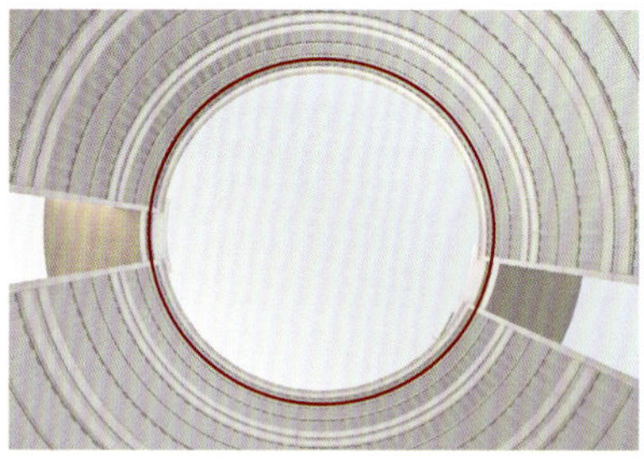

利用建筑的天井状结构，拍摄出完美的圆形构图画面，结合建筑本身的线条，给人强烈的韵律感

螺旋线

螺旋线构图主要是依据拍摄对象的造型而定，常见有卷起来的叶子、俯视时的螺旋楼梯等，而摄影人员很难使用先进技术手段获得类似的线条。

当遇到具有这样线条的对象时，我们只需要选择一个恰当的角度进行拍摄即可。

▶ 充分利用叶子本身的造型，拍摄得到螺旋线状的构图画面

焦距70mm / 光圈F4.5 / 快门速度1/125s / 感光度200

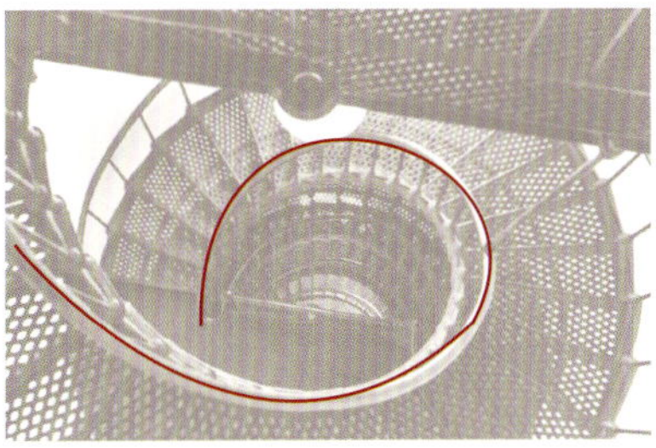

▶ 通过以俯视的角度拍摄楼梯，获得螺旋状的构图结果

焦距40mm / 光圈F13 / 快门速度1/320s / 感光度100

正三角

正三角形构图能够给人一种稳定、雄伟、持久的感觉，这种图形不会产生倾倒之感，在人像、山川摄影中的运用最为常见。

焦距95mm / 光圈F27 / 快门速度1/10s / 感光度100

▲ 利用山体的形态，以正三角形表现其沉稳的感觉

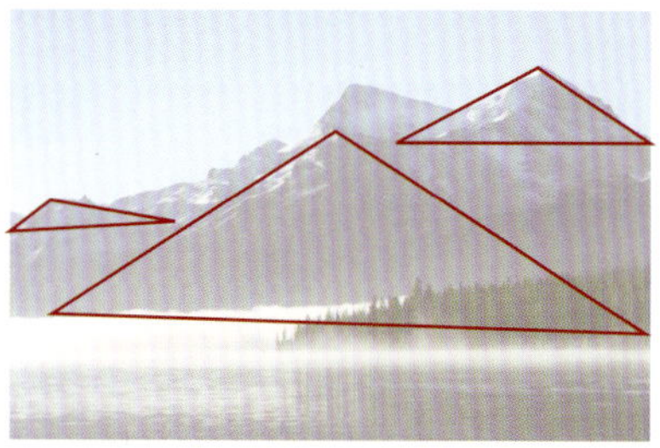

焦距55mm / 光圈F5.6 / 快门速度1/180s / 感光度200

▲ 坐姿时，配合手部的造型，使身体形成稳定、自然的三角形构图效果

倒三角形

倒三角形的构图可以给人强烈的不稳定感，因此给人的视觉冲击力也很强，但在拍摄时较为少见，通常是需要有特殊的拍摄对象或造型，才有机会使用此种构图表现画面。

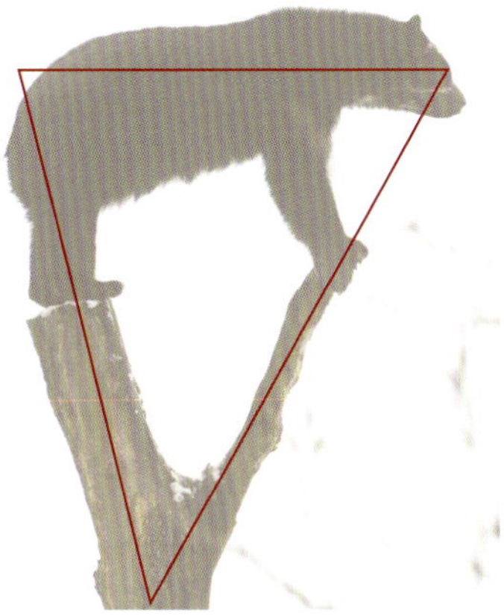

一只站在树杈上的熊，成就了倒三角形的构图，除了画面内容本身非常有趣外，倒三角形的不稳定构图，也能吸引浏览者的眼球

焦距340mm / 光圈F5 / 快门速度1/320s / 感光度220

斜三角形

相对于正三角形构图的稳定、倒三角形的不稳定这 2 种极端的视觉感受来说，斜三角形的视觉上显得更为灵活一些，给人新鲜但又不会过于平稳或激烈的感觉。

在拍摄时，可以充分利用拍摄对象的造型，通过旋转拍摄角度等方法，获得不同形态的斜三角形构图画面。

焦距105mm / 光圈F5.6 / 快门速度1/200s / 感光度100

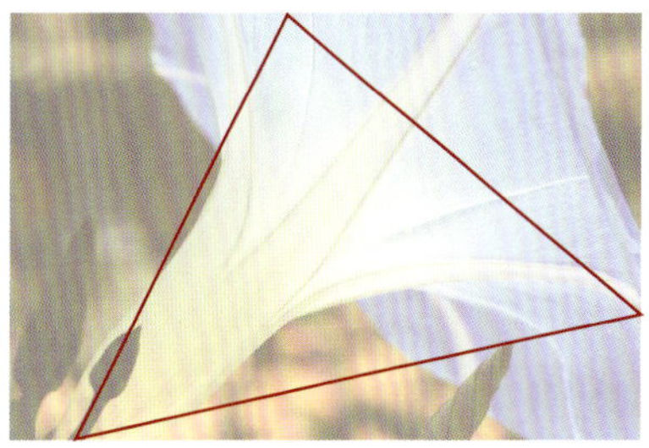

以花朵的喇叭造型为基础，通过捕捉花朵的特殊角度及适当旋转相机，拍摄得到斜三角形的画面，在充分表现其细节的同时，画面也显得比较灵活

框架

框架构图即指利用前景物体作为框架，将要表现的对象置于框架中，从而起到突出、强调的作用。

框架可以是任何形状的，例如窗、门、树枝、阴影、手等都可以。这种构图方法能够使画面的景物层次更丰富，加强了画面的空间感，还能够装饰性地美化画面，增强画面的形式感。

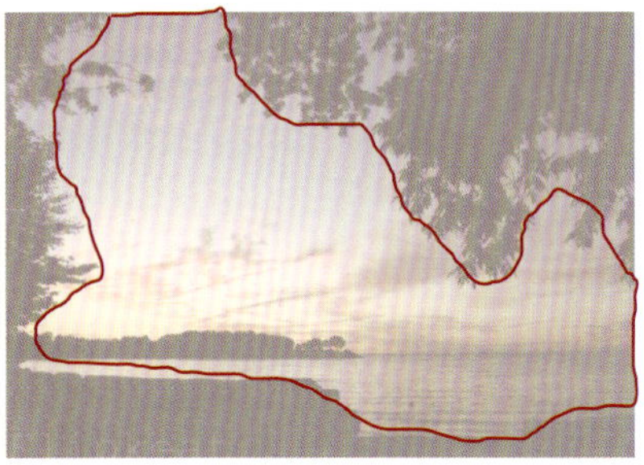

以前景中的树叶及地面的剪影形成框架，突出远处的景物及天空中的云彩

焦距6mm / 光圈F2.8 / 快门速度1/100s / 感光度100

散点

散点构图主要是用于表现以不规则的位置、形态等对象，这种韵律感和节奏感强烈的构图形式可以让照片产生优美的统一感。

在这种高度统一的构图形式当中，运用对比或其他手段加入一个重点素材，不但可以突出主体，也能营造不一样的有趣氛围。

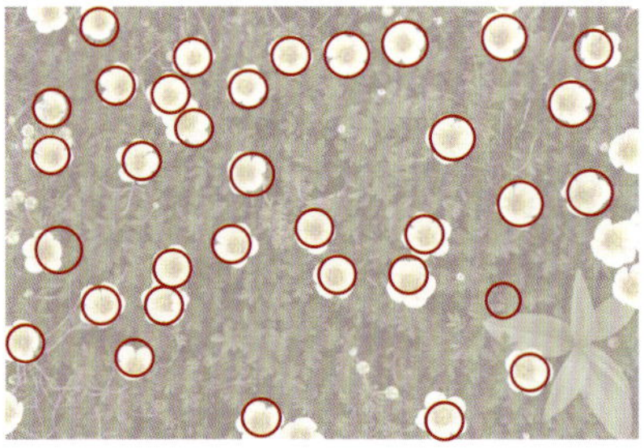

大小不一样的花朵，分布在画面的各个位置，给人一种随意的美感

焦距30mm / 光圈F8 / 快门速度1/160s / 感光度100

中心构图

中心构图即指将要表现的主体置于画面的中心位置。此方法在表现时容易显得呆板、不够灵活，但却很容易能够突出主体，另外，主体本身也应该具有更强地能够吸引浏览者目光的部分。从而尽量淡化将对象置于画面中心时的呆板感觉。

焦距90mm / 光圈F2.8 / 快门速度1/1250s / 感光度400　▲ 位于画面中心的可爱小动物们很容易吸引注意力

焦距120mm / 光圈F16 / 快门速度1/500s / 感光度200

▲ 中心式构图更突出了溅起的水花的主体地位，再加上其椭圆形的波纹，使用中心构图再合适不过

满画面

满画面构图即指将拍摄对象完全填满画面，完全没有或仅有少量的留白。通常用于拍摄对象的局部特写，因而能够很好地突出其细节。当然，此时对于对象的细节要求也比较高，否则任何小的瑕疵都可能导致画面失败。

▲ 充满画面的虎头给人印象很深刻

▲ 以人物身体为主，以睫毛为焦点，画面的细节非常清晰

焦距11mm / 光圈F5.6 / 快门速度1/250s / 感光度800

透视牵引式

透视牵引式构图是利用线条的延伸、由近及远的韵律变化及虚实变化等形式，表现出画面的空间感，并对视线有一定的引导作用。它通常是画面的主体，也就是在表现主体的同时，给人一种维度空间式的感觉。

◀ 以大小的变化，形成韵律式的透视牵引，将观者的视线引向远方

第 5 章

用 光

光线在摄影中非常重要，了解各种光线的特性有助于我们在拍摄时更好地体现被摄物的不同特点，并且避免在不合适的光线下进行拍摄。本章就光的类型、方向和影调进行讲解。

光线的类型

自然光

自然光即指由自然天体发出的光线，例如太阳就是其中最典型的光源，其光线也是我们最常用的自然光线。另外，月亮及星星等天体也能发出一定的光线，只是亮度非常低，不足以满足拍摄时的照明需求，倒是在很多时候成为夜景时被拍摄的对象。

自然光能够并给人以真实、亲切的感受，尤其对于风光摄影而言，自然光几乎可以说是唯一的光源，其重要性可见一斑。但自然光的方向性多变，色温不稳定，故不好掌握。

焦距18mm / 光圈F5.6 / 快门速度1/125s / 感光度200

▲夕阳光是最好的风光摄影用光

▲柔和的自然光使人物皮肤显得很细腻

▲直射的自然光线让花瓣具有半透明的效果

人造光

对摄影来说，人造光主要是指可以由摄影支配的光线，例如专业的影室灯、闪光灯，以及日常使用的手电筒、小台灯等，所有可以由摄影师支配的用于摄影布光的光源等。

除了上述一些基本的发光设备以外，要使用人造光进行摄影，通常还需要很多其他的附件，以拍摄人像为例，至少需要一个大小适合的影棚，并配备 2 支以上的影室灯或闪光灯（还要配备反光伞等），然后再准备如测光表、背景布、引闪器等诸多器材，因此，对于普通的摄影爱好者而言，真正意义上使用到人造光的机会很少，也许只有相机的内置闪光灯会比较常用一些。

而对于专业的摄影师而言，如影楼中的人像写真、婚纱摄影师等，熟练地使用器材并进行布光，可以帮助他们拍摄到非常出色的照片。

▶ 在影棚中使用专业影室灯拍摄的人像写真作品

焦距150mm / 光圈F5 / 快门速度1/200s / 感光度100

现场光

在上一小节的讲解，特意强调人造光是指可以由摄影师支配的光源，而在街边的橱窗前、室内演出、庆典活动等场景中，也有很多人造的光源，但这些都是不受摄影师控制的，因而又将其单独划分成为现场光。

通过恰当的曝光设置，可以很好地还原现场的环境，从而让观者能够通过照片真实地体会到现场的环境气氛。

▶ 充分运用并记录现场光，可以很好地记录下走秀现场的气氛

焦距35mm / 光圈F5.6 / 快门速度1/500s / 感光度640

混合光

所谓的混合光，就是利用可人工控制的光线，去补充不可控制的光线，即在自然光或场景光的基础上，使用人造光进行补充，以满足拍摄的需求。

比如在室外拍摄人像时，经常会使用反光板为暗部补光，如果条件允许，也可以使用外置闪光灯甚至是专业的影室灯进行补光，从而在自然环境下拍摄到细腻、白皙的皮肤。

焦距200mm / 光圈F2 / 快门速度1/800s / 感光度400

▶ 光线从左上方照射过来，为了避免右下方区域太暗，因此需要采用反光板进行人工补光，以降低画面的明暗对比

再例如在演出现场，就可以使用内置或外置闪光灯对拍摄对象进行补光。但要注意的是，建议降低一些闪光曝光补偿，并使用柔光罩对光线进行柔化处理，以免拍摄出来的照片破坏了现场的气氛。

焦距135mm / 光圈F4.5 / 快门速度1/80s / 感光度200

▶ 使用闪光灯在室内环境光下进行补光，即照亮了主体，同时也保留了一定的现场气氛

光线的照射方式

直射光

直接照射在拍摄对象上的光线，即称为直射光。此时拍摄对象上会产生较强烈的明暗对比（即光比），且明与暗之间的过渡较为生硬，因此直射光也称为硬光。

▶ 直接照射在栏杆上的逆光光线，在前景的地面上形成了长长的投影

焦距15mm / 光圈F10 / 快门速度1/400s / 感光度200

直射光的使用技巧

- 日出后日落前的直射光线，是风光摄影中最好的光线之一，虽然是直接照射，但强度并不高，适合表现风景的细节和立体感。但由于时间很短，因此需要把握好这短暂的拍摄时间。
- 上午和下午的光线较为柔和，常常是拍摄人像的最佳时机，便于拍摄到细腻的皮肤。要注意的是，越靠近正午时分，其光照就越强，也越不利于人像的拍摄。同时，即使是在较柔和的光线下，也建议使用反光板对人物的暗部进行补光。

▶ 直接照射在花朵上的光线，让花瓣拥有了半透明的效果，非常漂亮

焦距105mm / 光圈F4.5 / 快门速度1/250s / 感光度100

散射光

当光线通过中间介质间接照射到被摄体上时，光会产生散射作用，这类光线叫做散射光。

软光一般就是指散射光，软光光质柔和，此光线下，画面缺乏明暗关系，影像平淡，对拍摄对象的立体感及粗糙质感的表现比较弱，但散射光照明的画面层次比较丰富、细腻，色彩的饱和度较低。

散射光的注意事项

散射光并不代表就没有明确的明暗关系，只是其明暗对比较小而已，而且明与暗之间的过渡较为柔和。因此，在学习和使用时一定要注意区分。

焦距360mm / 光圈F4.5 / 快门速度1/640s / 感光度250

▲散射光线下，非常好地表现了狮子的毛发质感及细节

▲柔光下拍摄的微距，细节很清晰

▲在柔和的自然光线下，人物皮肤显得很细腻，阴影较少又不失立体感

光线的照片方向

顶光

顶光，即光照方向与相机的拍摄方向呈现垂直方向上的90° 左右的角度照明，一些角度有所偏移的垂直光线，也通常被归到此光线类型中。其特点就是能够使拍摄对象的投影垂直在下方，有利于突出拍摄对象的顶部形态。拍摄人像时可以将其作为头发光使用，以增加头发的立体感。另外，在风光摄影中，顶光也可以带来光影分布均匀的画面。

焦距10mm / 光圈F22 / 快门速度1/80s / 感光度200

◀ 顶光下的风光照片，阴影较小，光影分布较为均匀

顺光

顺光，即光照的方向与相机拍摄的方向一致，因此，从拍摄角度看去，画面中的阴影相对较少，多数都被隐藏在拍摄对象的背面，适合表现细腻的质感，但不利于表现对象的立体感、空间感以及空气透视效果等。

▶ 在顺光的照片下，人物面部几乎没有阴影，皮肤显得非常的白皙

焦距85mm / 光圈F2.8 / 快门速度1/200s / 感光度200

侧光

侧光，即光照方向与相机的拍摄方向成 90° 左右的角度照明，此时，拍摄对象会表现出较大的明暗对比，光照越强，则对比也越大。以一个合适的对比进行拍摄时，可以很好地突出其立体感，在风光、建筑等题材的摄影中尤其适用。如果是人像摄影，那么通常是需要对暗部进行补光，以降低明暗对比，进而保证拍摄到白嫩的皮肤。

需要注意的是，在明暗对比较大时，要注意暗部的曝光不足，或亮部的曝光过度问题。

焦距55mm / 光圈F16 / 快门速度1/6s / 感光度100

▶ 侧光使地面上的小坡及房子等元素具有强烈的立体感，并由于光照角度很低，而在地面上拉出了长长的投影

侧顺光

位于侧光与顺光角度之间的光线照射方向，都可以统称为侧顺光。其特点就在于，从拍摄方向来看，它比侧光的照亮范围更大，同时还兼备侧光照射下的立体感，因此可以说是表现细节与立体感时的绝佳选择。

焦距550mm / 光圈F6.3 / 快门速度1/500s / 感光度200

▶ 前侧光照亮了豹子的大部分身体，同时又包含了小部分的阴影，使整体的立体感更好

逆光

逆光使被摄体面向相机的一面几乎背光，画面阴影最多。逆光会在被摄体轮廓处形成高光线条，用于勾勒被摄体轮廓，还使在画面中形成长长的影子，使被摄主体与背景分离，以增强画面空间感。

另外，对于半透明的对象，逆光拍摄时还可以很好地表现出对象的细节纹理及透明感。

焦距65mm / 光圈F16 / 快门速度1/1000s / 感光度200

▶ 逆光照射下，通过恰当的曝光设置拍摄到恋人接吻的剪影，分明的轮廓与暖暖的色调，更增加了浪漫、温馨的艺术氛围

侧逆光

位于侧光与逆光角度之间的光线照射方向，都可以统称为侧逆光。侧逆光会使被摄体面向相机的一侧几乎处于阴影之中，画面阴影很多，影调厚重。侧逆光可用于勾勒被摄体的轮廓，增强被摄体的立体感，质感和画面的空间感。

在拍摄时，可借助其他光源对被摄体面向相机的一面补光以缩小明暗反差，也可增加曝光量以提高画面亮度。

焦距400mm / 光圈F4 / 快门速度1/500s / 感光度200

▶ 侧逆光下，马儿身体上的鬃毛被照射出一圈漂亮的亮边

焦距200mm / 光圈F5.6 / 快门速度1/320s / 感光度100

▶ 较高角度的侧逆光照亮了人物的头发，同时使用反光板对暗部方向进行补光，拍摄到具有漂亮头发光且皮肤白皙的人像照片

光线的影调

高调

高调的照片大多明亮、干净。拍摄时应多选择浅色被摄体和拍摄环境，为避免画面出现阴影，画面的光照应均匀，这样就不会有阴影破坏画面洁白的感觉了。

拍摄时应多采用柔光，并配合使用辅光（如使用反光板对暗部进行补光）缩小画面的明暗差距，可使画面整体效果更加柔和、明亮。

在相机设置方面，可以在手动模式下增加光圈或降低快门速度，或在光圈／快门优先模式下增加曝光补偿的方式，使画面更加明亮。

焦距24mm ／ 光圈F4.5 ／ 快门速度1/320s ／ 感光度100

▶ 在柔和的光线条，人物白色的婚纱以及较明亮的环境，再通过适当增加2/3挡的曝光，拍摄得到高调的画面，给人纯洁、自然的感受

低调

低调画面是指整个画面以黑色或深色为主，只有少许的亮调，整体给人以深沉、神秘、含蓄的感觉。

想要得到低调的画面，拍摄时多注意光线的选择，侧逆光和逆光是较好的选择，这样画面中的重影调会比较多，使画面看起来较低沉。

焦距52mm / 光圈F11 / 快门速度13s / 感光度200

夜色下，大面积的黑色与点点的城市建筑灯光，形成鲜明的对比，即突出了夜的深沉，同时也表现出城市的繁华

中间调

中间影调的画面多以中灰亮度为主，画面的反差较弱，影调平淡，给人以真实、朴素的感觉。在明暗对比较小的情况下，可以很充分地表现出拍摄对象的细节。在微距、人像等题材中运用得比较多。

焦距32mm / 光圈F16 / 快门速度1/5s / 感光度400

在日出前的柔和光线下，中间影调充分表现了场景中的细节

色温

什么是色温

色温并非字面含义上的“色彩温度”，也与常规意义上的温度没有关系，它是指光线中包含红光或蓝光的量。

从原理上来说，按照 Max Planck 的理论，对一个具备完全吸收与放射能力的黑体（例如金属铁）进行加热，随着温度的升高，黑体的色彩将发生“红—橙红—黄—淡黄—白—青”的一系列变化。当光源与黑体加热到某个程度时表现出来的色温一致时，即将其定义为该色温。

例如夕阳时分的色温，与黑体加热到 2100K 时相同，因而其此时的色温即为 2100K。

综上所述，色温低表示含红橙光比较多；反之，色温高表示含青蓝光比较多。

焦距50mm / 光圈F5 / 快门速度1/500s / 感光度200

▶ 暖调的画面，让其中橙黄的植物更显饱满的色彩，同时也渲染出一幅温馨的画面效果

焦距70mm / 光圈F11 / 快门速度1/640s / 感光度100

▶ 清晨时分，很容易拍摄到画面偏青蓝色的高色温画面，给人清冷、宁静的感觉

用相机的白平衡校正色温

当我们需要相机呈现真实的色彩时，就需要对有所偏失的色温进行校正。现在的数码单反相机，都提供了预设的白平衡功能，除少数入门级相机外，还提供了自定义色温等高级功能。以便于进行精确的调整控制，最终获得正常的画面色彩。

另外，在实际光源色温无法改变并与摄影师想要获得的画面色调不一致的情况下，也可以通过使用相机白平衡设置来获得具有创意效果的画面冷、暖调，例如，阴天白平衡模式其色温值一般是 6000K~7000K，使用此白平衡模式在进行拍摄可以获得偏暖色调的画面效果。

焦距200mm / 光圈F11 / 快门速度1/250s / 感光度200

▲ 分别选择阴影、日光、白炽灯、荧光灯白平衡时的拍摄效果，可以看出，通过白平衡的设置，我们可以将照片改变为冷、暖或中性等多种色彩结果

焦距153mm / 光圈F16 / 快门速度1/2s / 感光度200

▲ 使用较高的色温值表现火焰热烈的红、橙色彩

第 6 章 用色

色彩在画面中很有感染力，不同的颜色会给人造成不一样的心理感受，灵活运用色彩这一特性可表现表现出被摄物的情感，使画面看起来更加生动。本章就色彩的种类、色相、饱和度、色彩搭配等进行介绍。

色彩的种类

原色与补色

原色是所有色彩的基础，且其纯度最高，因此原色是不可能被其他颜色调配、混合出来的。

另外，原色还可以从物体的固有色与光色两个角度来划分，组成前者的三原色包括了青（C）、品红（M）和黄（Y）3 种颜色，而后者则由红（R）、绿（G）、蓝（B）3 种原色组成。

值得一提的是，这两种不同类型的原色，可以视为相互的补色，即红色的补色为青色、绿色的补色为品红、蓝色的补色为黄色。

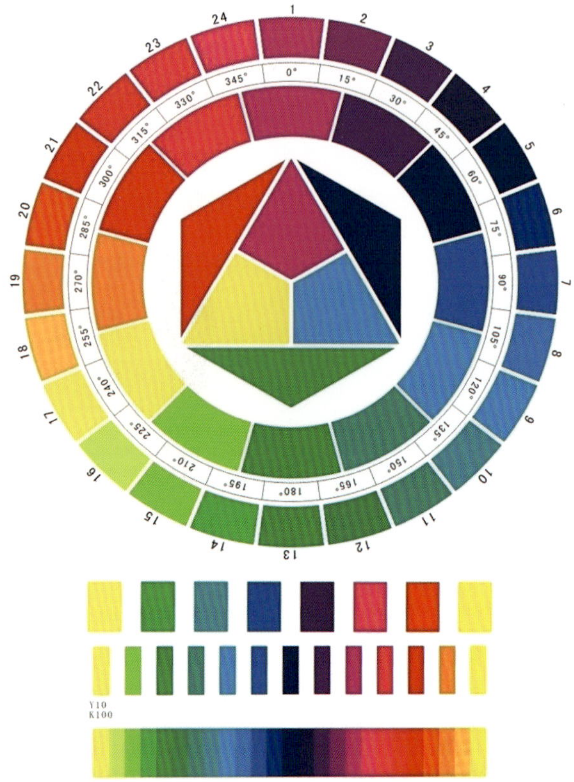

▶ 两种色谱示意图

焦距180mm / 光圈F20 / 快门速度1/80s / 感光度400

▲ 金色的夕阳，给人无限的温暖感觉

间色

间色是指由两个原色混合得到的色彩，例如红与黄混合得到橙色、青与黄混合得到绿色，而红与青混合得到紫色。

和原色一样，间色也是最纯的色彩，因此往往将原色与间色统称为“标准色”。

▶紫色的花蕊看起来别有一番味道

焦距100mm / 光圈F3.2 / 快门速度1/80s / 感光度100

复色

将三原色以不等的量混合在一起得到的色彩，即为复色，或者说，除了原色与间色以外的所有颜色，都可以理解为复色。

焦距105mm / 光圈F5 / 快门速度1/200s / 感光度400

▲青紫色的复色，给人的感觉很纯净

色彩基本属性——色相

色相的基本概念

简单来说，色相是指红、绿、蓝、青、品、黄等不同的色彩。只有能够具体地识别各种不同地色彩，才能准确地认识这些色彩，进而精确地将其通过光线、构图等手法表现在作品中。

如果不了解各种色彩之间的具体区别，对色彩的认识只是笼统的、肤浅的、抽象的，就不能准确地再现它们。所以，培养认识色别的能力，是准确地鉴别和表达色彩的关键。

焦距60mm / 光圈F5.6 / 快门速度1/320s / 感光度800

▲ 热情的红色与橙色搭配

▲ 清新自然的蓝色与黄绿色

▲ 冷酷的蓝色

红色

在所有的颜色中，红色是波长最长、穿透力极强、被感知度极高的色彩，很容易抓住观者的视线。

恰当地运用红色，可以渲染出其常给人一种温暖、热情、诚挚、振奋、斗争、危险、动荡、奔放等感受，在视觉冲击力上非常强烈。

▶红色长裙，彰显女人的妖娆、妩媚

焦距85mm / 光圈F5 / 快门速度1/160s / 感光度200

橙色

橙色是所有暖色中性质最为温暖的色彩，既有红色的暖意，又有黄色的活泼，将二者融合后，就形成了非常柔和的橙色，常给人以明亮、华丽、健康、兴奋、温暖、欢乐、辉煌等感情色彩，且橙色又是暖色系中最温暖的颜色，故较易触动人。

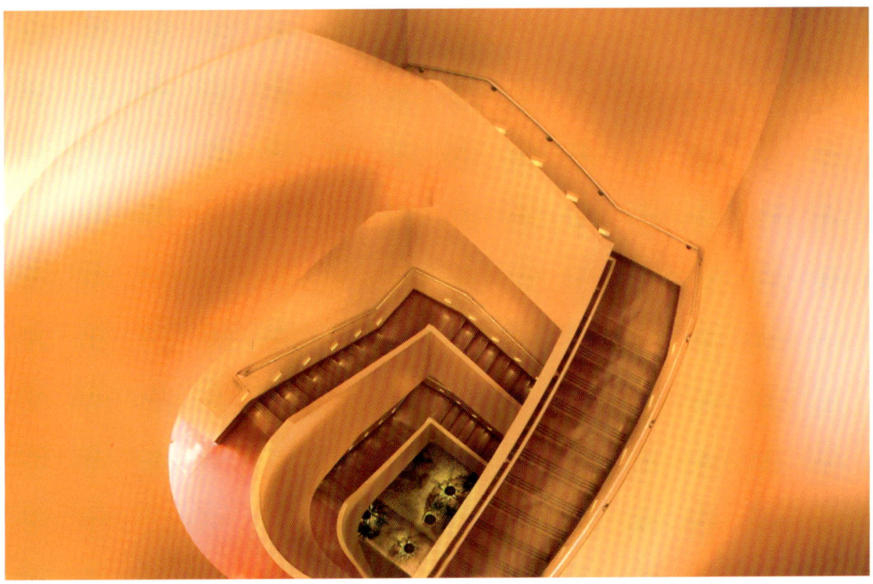

▲夕阳时分很容易拍摄到橙色的暖调夕阳，而右图中的建筑内部场景也具有橙色的色调，都给人非常温暖的感受

黄色

在相同的明度及饱和度下，黄色是所有的色相中明度最高的一个，能够给人以轻松、活泼、可爱的感受，因此也具有很高的活泼度和视觉吸引力。

黄色的使用技巧

- 含白色较多的淡黄色可使人感觉到平静和温柔，是一种很好的休闲色。
- 含黑色或灰色较多的深黄色可使人感觉到严谨和认真，是一种很好的商务色。同时，黄色也是很多水果果皮的颜色，可增强食欲，是食品类照片常用的颜色。
- 饱和度与明度是色彩的另外两个基本属性。

焦距85mm / 光圈F4.5 / 快门速度1/400s / 感光度200

▶ 模特身上黄色的装饰及前景中黄色的花朵，都为照片增色不少，给人轻松、活泼的感受

焦距100mm / 光圈F16 / 快门速度1/50s / 感光度100

▶ 明度略低一些的黄色，看起来更加柔和，给人娇嫩的感受

绿色

绿色是光色三原色之一，总会让人们联想到草地、树木等，给人以自然、希望、原生态的感受。长时间注视绿色，还能起到缓减视觉疲劳的作用。

在摄影作品中，绿叶多被当做红花的陪衬体，或是作为背景出现，而单独表现时，也能够给一种独特的美感。当绿色中含有较多其他颜色时，会产生不同的视觉及心理感受的变化，如黄绿色给人春天的气息，橄榄绿给人以成熟和稳重的感觉，深绿色或蓝绿色给人以冷静、沉稳的感觉。

焦距55mm / 光圈F5.6 / 快门速度1/500s / 感光度100　▲ 以绿色叶子围成的相框，更突显了自然、和谐的环境

紫色

紫色是非常感性的色彩，用于人像摄影中时，可以给人妩媚 、神秘、优雅及高贵等感受，而在风光摄影中，也可以给人迷幻、异样的色彩感受。

▲ 紫色的衣服结合模特的造型及表情，给人妩媚的感觉

▲ 利用日落时分的特殊光线，配合白平衡的调整，拍摄到以紫色为主的画面，给人非常神秘的感受

青色

青色是色温最低的色彩，因此最适合表现“冷”的感觉，例如冷酷、冷静、清爽、冰凉等，在一些特殊的情况下，还可以给人强烈的科技感。

▲ 夜里拍摄的海边景色，结合白平衡的设置，拍摄得到清冷的画面效果

▲ 水流也是常用冷色调来渲染其纯净的特点。只是在很多情况下，受环境光的影响，不容易拍摄到类似的效果

焦距11mm / 光圈F4.5 / 快门速度1/320s / 感光度200

▲ 充足的光照使天空和海水变为青色，给人清爽的感受

焦距35mm / 光圈F18 / 快门速度1/20s / 感光度100

蓝色

蓝色是非常深沉的颜色，纯净的蓝色表现出一种美丽、冷静、理智、安详与广阔。由于蓝色沉稳的特性，具有理智、准确的意象，另外蓝色也代表着忧郁的气质，给画面增添宁静的感觉。

◀ 以蓝色为主调的画面，突显出了夜的静谧和忧郁

色彩基本属性——饱和度

饱和度的基本概念

色彩的饱和度又称为纯度，变即色彩中掺杂了灰色的多少。掺入的灰色越多，则色彩的饱和度就越低；反之，掺入的灰色越少，则色彩的饱和度就越高。

焦距50mm / 光圈F11 / 快门速度1/125s / 感光度100

▲ 高饱和度色彩的色彩，在感情上显得更丰富

焦距90mm / 光圈F4.5 / 快门速度1/160s / 感光度100

▲ 低饱和度的色彩，给人淡雅的感受

饱和度对视觉冲击力的影响

当色彩的饱和度较高时，色彩会看起来更突出，给人明朗、清晰的感受。反之，当色彩的饱和度降低时，色彩的视觉感受也会随之降低，变得更为柔和。

要获得不同饱和度的画面，可以在相机中设置照片风格，然后提高其中的饱和度参数。

此外，画面的光线对饱和度的影响也很大。例如在雾天，由于雾气的遮挡，因此画面中的色彩会呈现出非常低的饱和度。

焦距100mm / 光圈F2.8 / 快门速度1/64s / 感光度400

▲ 高饱和度使花朵显得更为娇艳

▲ 雾景下的低饱和度画面更具意境

▲ 正常饱和度下，适合真实地表现对象的形态、细节

饱和度对色彩之间对比的影响

简单来说，颜色的饱和度越高，则两种颜色之间的对比在相对程度上就越强；反之，当色彩的饱和度降低时，对比的强度就会降低。

例如，高饱和度的蓝色与橙色搭配在一起时，冷与暖两种色彩的对比会显得非常强烈，但在二者的饱和度变低后，对比就不那么强烈了。即当饱和度慢慢降低后，二者的色彩将趋向于越来越和谐。当饱和度变为0，即变为黑白照片时，则色彩之间的对比就完全消失了，剩余的只是画面明暗的对比而已。

焦距18mm / 光圈F11 / 快门速度3s / 感光度200　▲高饱和度的蓝色与橙色的对比非常强烈

▲蓝与橙的亮度降低，两种颜色的对比感也随之下降

▲无饱和度时，画面只剩下亮度的对比

色彩基本属性——明度

色彩的明度即指色彩的明暗变化。从摄影的角度来讲，可以理解为光照强度的大小，或相机曝光量的多少，得到的结果就是我们获得的色彩是深还是浅，如深绿或浅绿。

对色彩明度的了解，可以便于在拍摄高调或低调彩色照片时恰当地运用色彩，也帮助我们进一步明确被摄体的明暗关系，区分各种色彩的明暗变化。例如，拍摄彩色高调的画面时，可选择明度高的色彩；而拍摄低调画面时，则可选择明度低的色彩。

焦距300mm / 光圈F6.3 / 快门速度1/160s / 感光度200

▲ 低亮度的墨绿色

焦距105mm / 光圈F8 / 快门速度1/200s / 感光度100

◀ 高亮度的翠绿色

色调

色调与色温有些类似，色温是指画面呈现出来的冷暖倾向，而色调则是指画面呈现出来的某种色彩属性的倾向。

例如，从色相角度来说，我们可以分为绿、蓝、红、黄等色调；从饱和度上来说，可以分为重、中、淡等色调；从明度上来说，可以分为高、中、低等色调。此外，还有对上述色调的混合运用，例如淡黄色调、暖绿色调、灰紫色调等。事实上，混合色调使用得相对会多一些。

焦距28mm / 光圈F22 / 快门速度1s / 感光度200

受环境的影响，画面具有淡绿色调效果，使自然的气氛更加浓郁

焦距85mm / 光圈F3.2 / 快门速度1/160s / 感光度200

青紫色调，突出一种清冷、落寞的气氛

色性

如果说色温是光线的温度，那么色性就是指色彩的温度了，我们可以从常规温度的冷暖角度去理解它，即红、橙、黄等色彩给人以温暖的感受，因此又称为暖色，而青、蓝等色彩给人冷酷的感受，因此又称为冷色。介于冷色与暖色之间的紫色和绿色又称为中性色。

焦距60mm / 光圈F16 / 快门速度1/250s / 感光度1000

▲ 橙与黄的色彩，给人耀眼的感觉

▲ 绿色这种中性色，给人平和的感受

▲ 青蓝色给人强烈的冷酷的感受

色彩的画面组成

主色

主色即指画面的主要色彩，通常情况下，主色都是与主体重合的，从而达到更强化主体的目的。

主色还能够奠定画面的基调，例如主色为红色时，画面容易给人热情、激烈的感受，如果主色为白色，那么很容易渲染一种纯洁、干净的感受。

主色的使用注意

作为主色，并不一定要占据画面的大部分面积。很多时候，往往在大面积辅助色彩的衬托下，主色（主体）可能只有较小的面积，但仍然起到主导整个画面意境的作用。当然，此时多是以色彩的对比或和谐方式进行表现。

焦距200mm / 光圈F2 / 快门速度1/500s / 感光度100

▶ 以白色作为主色，配合模特的表情及造型，给人纯洁如天使一般的感受

焦距28mm / 光圈F8 / 快门速度4s / 感光度200

▶ 画面中的橙色区域虽然很少，但在天空及海面的冷色衬托下极为显眼

辅助色

在摄影中，辅助色虽然不像主色那样重要，但除了极少数以满画幅方式构图的题材及拍摄（如人像、动物的局部特写）外，大部分情况下，辅助色都是必不可少的。

辅助色对于整个照片来说起到着衬托的作用，就如同画面的背景可以交代整个照片的环境一样，辅助色对渲染画面的气氛、交代整体的环境也起到着非常重要的作用。

焦距135mm / 光圈F3.2 / 快门速度1/197s / 感光度200

◀ 人物粉色的衣服在画面中非常显眼，墨绿色的背景突显了自然的气息，同时又不会与主色冲突

焦距38mm / 光圈F11 / 快门速度1/60s / 感光度200

▲ 以黄绿的草地为主，蓝天白云作为衬托，突出自然、宁静的气息

色彩的搭配

单一色

单一色彩通常是出现在较为极端的环境下，画面中没有其他物体的颜色，然后以单一的色彩表现整个画面。例如在黎明前的一段时间、环境中存在云雾等情况下，画面的色温比较统一，此时就较容易拍摄到单一色彩的画面。

单一色的运用技巧

在丰富程度上肯定不如多色彩的表现，但其最大的优势就在于，画面非常的简洁、纯粹，以某种单色定义画面的整体氛围，然后再配合简洁的构图内容，会显得画面极为突出。

▶ 在黎明以前拍摄的山水画面，整体仅拥有单一的青色，因而更显清冷与宁静

▼ 在黄昏时分，由于产生了薄雾，使得画面中的光照非常均匀，拍摄得到了色彩较为单一的画面

焦距150mm / 光圈F10 / 快门速度1/500s / 感光度200

焦距200mm / 光圈F9 / 快门速度1/400s / 感光度100

对比色

当色轮中的两种颜色之间的夹角在 150°～180° 之间时，这两种颜色就可以成为互补色。

例如，红色与蓝色和红色与绿色都是最为典型的互补色。在一幅画面中如果出现互补色，画面就会具有明朗的色彩对比效果。

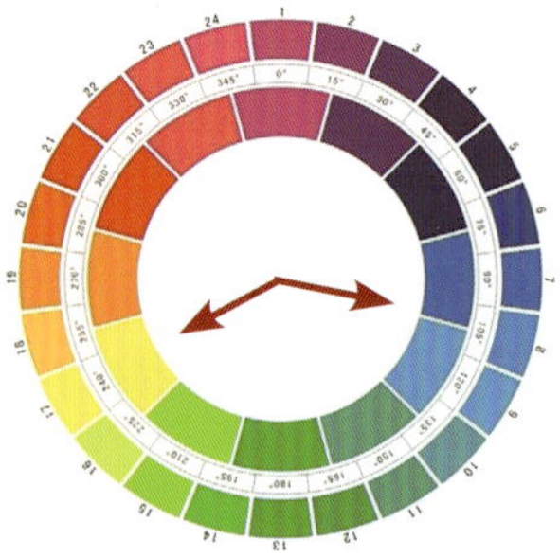

▼冷冷的蓝色的天空与暖暖的夕阳余晖，形成鲜明的对比

相邻色

相邻色是指在色轮中彼此相邻的两种颜色。

相邻色的使用在摄影创作中很常见。相邻色能够使画面达到统一协调和柔和素雅的效果，但是它缺少动感，很容易使画面显得平淡无奇。

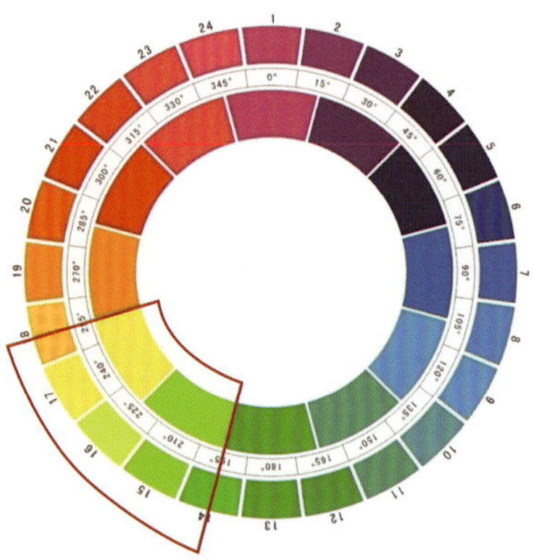

焦距80mm / 光圈F10 / 快门速度1/50s / 感光度200

▶ 通过特殊的后期调整，拍摄得到黄色与绿色共存于画面中的夕阳效果，给人浑然一体的感觉

第 7 章 人像

人像摄影一直是广大摄影爱好者的最爱，但总是受限于种种因素而无法拍到理想的好照片，所以人像摄影看似简单，实则也需要注意一些拍摄事项，并了解其拍摄技巧才能轻松驾驭。本章从器材的准备、曝光、构图、用光和实拍案例等方面，详细地讲解了人像摄影的拍摄技巧。

器材准备

中焦定焦镜头

对追求尽可能小景深的人像摄影而言，一支中焦定焦镜头，无论是在焦距长短、光圈大小以及价格方面，都占据着非常大的优势。以 50mm 和 85mm 镜头为例，最入门的 F1.8 级镜头不过需要 700 元和 2000 元左右，前者适用于 APS-C 画幅的相机，而后则适合用于全画幅相机。

▲ 被誉为人像镜皇的佳能EF 85mm F1.2L II USM镜头

▶ 在这幅照片中，对人物的右眼对焦，而其左眼及头发都产生了虚化

焦距85mm / 光圈F2 / 快门速度1/80s / 感光度2000

中长焦变焦镜头

中长焦镜头如 55～200mm、70～300mm 及 70～200mm 等，即使是在 APS-C 画幅下，也可以在 85～135 这样的合适焦距下进行拍摄。

越是长焦的镜头，拍摄时越容易获得小景深效果，以突出人物主体。只是过长的焦距，例如使用 200mm 端拍摄时，可以得到很好的景深，但此时要拍摄人物的半身像，那么就需要站在五六米之外的地方，这样很容易影响与模特的交流。

▲ 尼康AF-S 70-200mm F2.8G VR II ED N

▶ 以175mm的长焦焦距及F3.2的大光圈，拍摄得到背景虚化非常柔美的画面

焦距175mm / 光圈F3.2 / 快门速度1/800s / 感光度100

标准变焦镜头

中低端相机的标准镜头多指 18–55mm、18–105mm 及 18–200mm 等焦距的镜头，其共同的特点就是通常都为 F3.5~5.6 的浮动光圈，在拍摄人像适用的 55~105mm 焦距（等效焦距约为 88~150mm）上通常都是 F5.6 的光圈，因此不利于塑造小景深，此时建议尽可能地选择长焦端进行拍摄，从而利用长焦焦距下对景深进行压缩的特性，拍摄得到小景深的画面。当然，如果拥有 F2.8 恒定光圈的镜头，则在表现小景深上更为有利。

▲ 尼康AF-S 17-55mm F2.8G IF ED DX

▶ 在使用标准变焦镜头时，广角端还可以在狭小的空间里进行更大范围的取景拍摄

焦距200mm / 光圈F5.6 / 快门速度1/200s / 感光度200

▲ 在F5.6的小光圈时，200mm的焦距获得不错的虚化效果

反光板

对人像摄影来说，尤其是在户外进行拍摄时，为了追求较小的明暗对比，使模特的皮肤显得更加白皙、柔嫩，通常会使用反光板对其暗部进行补光。

在前面的章节中，我们已经讲解过，根据反光面的不同颜色，反光板可以分为多种形式。通常情况下，我们使用的都是银色反光板进行补光。如果感觉反光过于强烈，或需要较柔和的补光效果，则可以使用白色反光板进行补光。

▲ 五合一柔光罩

▶ 从右后方射来的强光，在人物的另一面会形成很暗的阴影，此时可以使用银色反光板进行补光

焦距150mm / 光圈F5 / 快门速度1/320s / 感光度100

闪光灯+柔光罩

无论是外置还是内置闪光灯，在对人物进行补光时，都建议为其增加柔光罩，使照射在人物身体上的光线不会显得太过生硬。

另外，对于外置闪光灯来说，利用其可以调整角度的特性，可以在室内、人物上方有遮挡等环境下，对着顶部进行闪光（注意调整入射与反射角度），让光线间接照射在人物身体上，从而形成柔和、自然的光照效果。

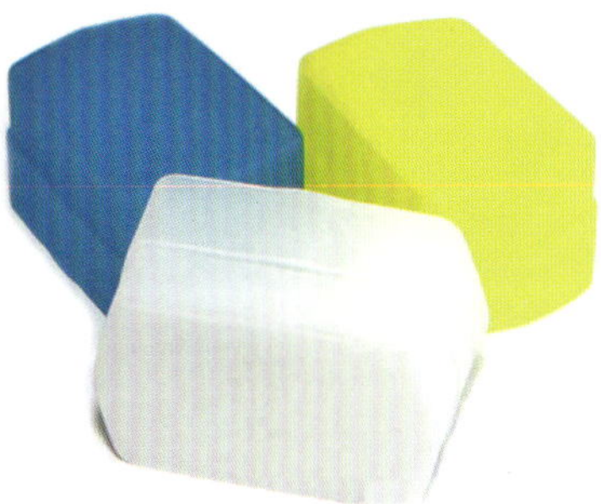

▲ 外置闪光灯的柔光罩

▶ 使用闪光灯与柔光罩的组合，可以让光线变得更柔和一些，避免出现明显的油光

焦距50mm / 光圈F3.2 / 快门速度1/83s / 感光度200

使用闪光灯为人像补光的注意事项

- 人物距离背景（如墙面）较近时，容易产生浓重的阴影，此时可以使用柔光罩来减轻并虚化阴影效果，当然，最好的选择莫过于干脆让模特远离背景。
- 在较近的距离上闪光，容易让模特显得没有立体感，光线也越生硬。较合适的做法是距离模特远一些，保持在 2 米左右的距离再进行拍摄。
- 在夜间拍摄人像时，如果使用闪光灯补光，建议启用慢速同步闪光模式，相机在闪光的同时会设定较慢的快门速度，使主体人物身后的背景也能曝光充足，此时可能会需要数秒甚至更长时间的曝光，因此可以适当提高感光度，以降低曝光时间。另外，也可以使用三脚架来保持相机的稳定。
- 在使用闪光灯补充光线时，由于闪光灯的光线偏冷，因此，如果对拍摄结果的色调不满意，建议将白平衡设置成为“闪光灯”，以得到正常的色彩。

焦距59mm / 光圈F2.8 / 快门速度1/800s / 感光度320

▲ 在树林中，将外置闪光灯的光照角度调整为向上，使得反射光刚好可以照射在人物身上，形成较柔和的补光

曝光

曝光模式

对人像摄影来说，最简单易用的自然就是人像模式，它可以自动使用较大的光圈，以拍摄到小景深效果，但缺点就是太过智能，适合在一些仅需要记录的情况下使用。

此外，最常用的当属光圈优先模式，在指定一个较大的光圈时，由相机自动测光得到一个相应的快门速度值。要注意快门速度低于安全快门时，可能会因抖动而产生画面模糊的问题。

使用 M 挡手动模式也可以进行人像拍摄，当然，所有的曝光参数都需要摄影师自己设置，对经验较少的摄影爱好者来说，这样操作的难度很大，有时可能需要反复测试很多张才能得到正常的曝光组合（光圈、快门及感光度 ISO）。

焦距135mm / 光圈F1.8 / 快门速度1/320s / 感光度200

▶ 在光圈优先模式下，更容易对光圈进行控制，进而控制画面中的景深

手动模式优于光圈优先模式的原因

用 M 挡的好处就是可以以固定的曝光合进行拍摄，而获得的相片亮度都会一样。而如果是在 A 挡下，当对不同的区域进行测光时，很可能得到的就是不同的曝光结果，即得到不同亮度的照片，虽然也可以通过设置曝光补偿 EV 改变照片的亮度，但相比较来看，A 挡的操作无疑更麻烦一些了。

焦距70mm / 光圈F9 / 快门速度1/200s / 感光度100

▶ 在室内拍摄人像时，由于通常使用较固定的布光组合及输出光量，因此经常使用手模式进行拍摄

在捕捉动态人像时，可以使用快门优先模式，例如对于走动中的人物，在1/125s左右的快门速度即可捕捉；如果是跑步中的人，可以使用1/250s左右的快门速度进行记录；如果是跳跃的人物，则需要1/400s甚至更高的快门速度。

快门优先模式的使用技巧

在光线不足的情况下，我们可以使用快门优先模式进行拍摄。即指定一个安全的最低快门速度，然后再进行拍摄。这样的好处是，在有一定光线变化的情况下，使用此方法可以在保证安全快门的前提下，在光线发生变化时也能够获得准确的曝光结果。

▼为了准确把握人物跳跃起来的瞬间，采用快门优先模式，预先指定一个较高的快门速度再进行拍摄

焦距35mm / 光圈F1.8 / 快门速度1/2500s / 感光度100

测光模式

通常情况下，我们拍摄的都是以人像作为画面绝对主体，且占据画面比例较大的照片，因此使用中央重点测光模式就能满足大部分情况下的需求。

另外，还有一些情况，我们拍摄的是带有环境的人像照片。此时，如果是要照顾画面整体的曝光，则可以采用矩阵／平均测光模式，并在此基础上适当增减曝光补偿，使得到的照片给人真实的现场感。

如果需要精确地进行曝光，则应该使用点测光模式，但要注意重新构图时锁定曝光。

焦距85mm／光圈F1.6／快门速度1/1000s／感光度100

▲ 使用矩阵测光模式拍摄带有大面积环境的画面

▲ 画面的光比很大，使用点测光模式容易进行精确的测光

▲ 最常见的人像照片形式，以中央重点测光模式进行拍摄即可

白平衡

对人像摄影来说，数码相机使用低于环境的色温，可以得到较为清冷的色彩；反之则可以得到暖调的色彩。如果要真实地表现色彩，则采用与环境相同色温的设置即可。

▶ 暖调的人像照片，突出一种温馨的画面感觉，色温可以设置得高于环境色温

分析白平衡

- 暖调的画面会显得较为温馨。
- 稍偏向冷调的画面会让人物的皮肤显得更白皙，但要注意的是，与暖调相比，同样的曝光下，冷调照片容易显脏，因此建议增加一点曝光再进行拍摄。
- 有时候，为了更好地渲染现场气氛，会采用相反的白平衡设置，使画面的色彩更浓郁。

▶ 冷调更容易突出人物白皙的皮肤，但要注意略增加一些曝光

▲ 使用自动白平衡拍摄得到的画面，整个的气氛感一般

▶ 使用阴天白平衡拍摄的画面，看起来暖调的气氛更浓郁，现场感也更佳

曝光补偿

在拍摄人像时，适当增加曝光补偿（通常是指在光圈优先或快门优先模式下）可以让皮肤看起来更加白皙。这是在拍摄人像时最常用一种相机设置。

但要注意的是，并非所有的环境下都适合使用此方法。最典型的运用是在柔光环境下，适当增加 0.3~1 挡的曝光补偿，可以得到较好的拍摄效果。在其他环境下，应该根据实际的拍摄结果进行适当的设置。也不排除某种环境下，需要降低曝光补偿的。

焦距135mm / 光圈F4.5 / 快门速度1/400s / 感光度100

▲ 增加曝光补偿前，画面偏灰

◀ 在柔光环境下，增加曝光补偿后，人物的皮肤看起来更加的白皙

对焦点

在拍摄人像时，最佳的对焦位置就是眼睛，根据不同的构图需要，可以选择不同的对焦点位置。在横向构图时，也可以按照类似的方法，选择左侧或右侧的对焦点。

通常情况下，有 9 或 11 个对焦点已经足够使用，不推荐使用更多的对焦点（如果有），以避免在手选对焦点时操作起来太麻烦。

焦距125mm / 光圈F5.6 / 快门速度1/320s / 感光度200

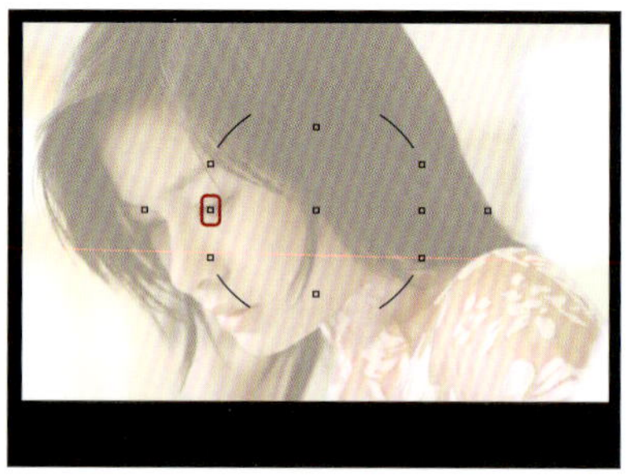

▲ 对焦点选择示意图

◀ 通过手选对焦点的方式进行拍摄，不但有利于进行快速构图，同时也不容易因为移动相机进行重新构图时，出现失焦的问题

对焦模式

在拍摄动态人像时，为了保证准确的对焦，通常是采用连续自动对焦模式，从而在人物运动时，能够及时的变化进行跟踪对焦。

如果是拍摄静态的人像，那么使用单次自动对焦模式即可，以保证在成功对焦一次后，在重新构图时仍然保持焦点不变。但要注意的是，在重新构图时，一定要避免因为前后距离的变化，导致对焦不准的问题。

尼康与佳能自动对焦模式对应表

模式	尼康	佳能
自动	AF-A	AI FOCUS
单次	AF-S	ONE SHOT
连续	AF-C	AI SERVO

焦距18mm / 光圈F5.6 / 快门速度1/640s / 感光度100

▶ 为了紧跟跳跃的人物进行对焦，可以使用连续自动对焦模式

关于使用自动伺服自动对焦模式

对包括人像在内的任何题材来说，都不推荐使用此模式进行拍摄。

其主要问题表现在，当拍摄静态人像时，如果重新构图，将可能出现自动重新对焦的情况；如果是拍摄动态人像，那么其反应速度又没有连续自动对焦模式快。

因此，除非是非常随意地进行拍摄、记录，否则不推荐使用自动伺服自动对焦模式。

焦距135mm / 光圈F3.2 / 快门速度1/160s / 感光度100

▶ 对于静态的摆拍人像，使用单次自动对焦模式就足够了

驱动模式

在拍摄静态人像时，强烈推荐设置为单拍模式，以避免按下快门时误发生连拍的问题，尤其在使用外置闪光灯时，既是对快门寿命的浪费，同时也是对闪光灯有限电量的浪费。

如果是捕捉动态人像，那么当然是推荐使用连拍模式，在中高端相机中，提供了低速连拍或高速连拍两种模式，可以根据实际的需要进行选择。

焦距200mm / 光圈F2.8 / 快门速度1/640s / 感光度100　▲ 对这种静态摆拍的人像，单拍模式已经完全可以满足需求

其他器材准备与使用注意事项

在开始拍摄的前一天，建议对相关的摄影装备做好充分的准备，并依次确认无误。总之，要充分预估拍摄时可能遇到的情况，避免因准备不足，导致乘兴而去，败兴而归的情况。

- 存储卡：预估存储卡能够装多少张照片，看看该数量是否能够满足需求。另外，最好能够清空存储卡中的数据，为存储照片提供最大的空间。
- 电池：拍摄前，一定要确认一下电量是否足够，如果有的话，也确认一下备用电池的电量，以备不时之需。
- 外置闪光灯：应事先应查看一下闪光灯用的电池是否有足够的电量，最好能够带一份备用的电池。
- 柔光罩：用闪光灯拍摄人像时，柔光罩是必不可少的。
- 曝光设置：按照最常用的拍摄设置，以及对拍摄环境情况的预估，进行一些基本的设置，比如感光度ISO数值过高、光圈太小等。
- 辅助装备、小道具：如果需要使用类似于反光板、三脚架等装备，建议将其装在摄影包中，或将其与摄影装备放在一起，免得匆忙离开时忘记携带。

构图

三分法

将人物或人物的头部、眼睛置于三分线的位置，可以在视觉上产生愉悦和生动的感受，避免人物居中给人的呆板感觉。

▲ 三分法构图示意

▶ 竖幅拍摄人物的半身像时，常将眼睛置于三分线的位置

焦距180mm / 光圈F3.2 / 快门速度1/400s / 感光度100

▲ 三分法构图示意

▶ 横画幅时，将人物身体置于画面的三分线上

焦距85mm / 光圈F5.6 / 快门速度1/320s / 感光度100

焦距85mm / 光圈F2.5 / 快门速度1/3200s / 感光度200

三角形

三角形构图常见于人物的坐姿中，利用人物的腰、腿及头脚作为三角形的各边，形成一个稳定的三角形构图画面。

将三角形倾斜时，可以表现出一种活泼、动感的效果；当三角形的底边处于水平时，则可以给人稳定、安逸的感觉。

以人物的坐姿形成略倾斜的三角形，配合人物的表情，给人活泼、阳光的感觉

焦距85mm / 光圈F2.5 / 快门速度1/400s / 感光度100

斜线

斜线构图具有很好的延伸性，对人像摄影来说，常用于展现模特修长的身材，或增加修长的效果，同时也可以呈现出较好的动感。

在拍摄时，除了让模特摆出适当的造型，恰当地进行取景或旋转相机，也是以斜线构图进行拍摄的重要表现手法。

以斜构图突出模特的动感造型，以及修长的身材

曲线构图

女性柔美的身体曲线，总给人以美的感受，因此也成为人像摄影中常用的一种构图方法。

最常用的曲线构图形式莫过于S形和C形，前者尤其能突出性感、妩媚的身材。

S形曲线突出模特的性感身材

焦距85mm / 光圈F2 / 快门速度1/2500s / 感光度200

竖画幅

对人像摄影而言，竖画幅是符合最常见的拍摄姿态——站姿的需求，尤其在拍摄半身或特写时，人物可以将画面的大部甚至全部都填满，显露出来的背景较少，因此不容易显得杂乱，这也是很多刚入门的摄影爱好者最容易拍出好人像照片的选择之一。

竖画幅符合人物的身体结构，配合较大的光圈进行虚化，很容易拍摄到不错的人像照片

焦距35mm / 光圈F6.3 / 快门速度1/180s / 感光度200

横画幅

横画幅的视野较为开阔，大部分情况下都会在照片中带有一定的环境因素，用于烘托气氛或作为画面的留白。

另外，横画幅也是拍摄群体人像、合影时常用的一种画幅格式。

▶ 横画幅的画面，容纳了更多的元素，适当的留白，使得画面也看起来非常舒服、自然

焦距85mm / 光圈F2.8 / 快门速度1/800s / 感光度125

不同景别的不同画面表现力

景别即指画面的取景范围。景别越大，则画面纳入的元素也就越多。

对人像摄影来说，由于各种表情、肢体语言等影响画面表现的因素非常多，因此不同的景别对人物的表现有着非常大的影响，我们将针对不同的人像景别分别做详细的讲解。

◀ 不同景别人像的示意图

□ 特写
□ 半身
□ 七分
□ 全身
□ 全景

特写

特写是指对拍摄对象的局部、细节等重要局部特征进行表现。除了景别示意图中讲解的以面部作为特写拍摄对象外，根据表现的主题与意境的不同，身体的其他部位也可以是很好的拍摄对象。人物胸部以上的部分可定义为特写景别的拍摄范围，以表现被摄人物的面部特征为主要目的，而且通常都是将人物充满整个画面，因此非常容易突出主体，在表现五官细节、表情等方面的作用较为突出。

特写的拍摄技巧

在拍摄人物特写时，最好是使用中长焦距的镜头，这样相机与被摄人物的距离可以稍微远一些，不容易产生透视变形的现象。

焦距85mm / 光圈F2 / 快门速度1/80s / 感光度2000

▶ 通过特写景别以及对人物右眼的精确对焦，充分表现出人物忧郁的气质，画面显得非常安逸、耐人寻味

半身

半身像主要是指人物腰部以上的取景范围，此时，画面能够容纳更多的元素，可以加入少量的背景作为人物的陪衬，同时，手的摆放与造型对画面产生的影响比较大。

焦距80mm / 光圈F5 / 快门速度1/400s / 感光度100

▶ 以半身像景别进行拍摄，画面很清晰地表现了人物的举止及表情

七分

人物膝盖以上的形象可称之为中景，此时画面中对人物肢体语言的刻画已经非常重要，同时，画面中关于背景的描述也更多，此时可以充分利用环境衬托人物，当然，同时也要注意不要让杂乱的背景干扰了要表现的人物主体。

▶ 通过大光圈将杂乱的背景虚化，以突出主体。人物的手臂自然地放在一起，配合其表情及光照柔和的光线，给人清新、自然的感受

焦距70mm / 光圈F5 / 快门速度1/500s / 感光度100

全身

顾名思义，全身像是将人物的整个身体都纳入到画面中，除了少量的留白或对背景的表现，使画面不至于太过拥挤外，尽可能将身体撑满整个画面。此时要特别注意人物的整体摆姿形态，要自然、协调，且具有美感。

相对于前面讲解过的景别，拍摄全身像时的背景面积还是非常大的，而且由于景别较大，很难使用极浅的景深对背景进行虚化，因此要注意过滤掉画面中的杂乱背景。

焦距35mm / 光圈F5.6 / 快门速度1/250s / 感光度100

▶ 模特倚墙坐在草地上，自然伸展的右腿与屈起的左腿，还有手臂的摆放都比较自然，模特充满阳光的笑容配合的看向远方的眼神，给人以无限遐想的空间

全景

全景主要是将模特主体与周围环境等元素一并包括在画面中，且环境元素占据较大的面积，用以衬托拍摄主体、烘托画面气氛。

在所有的景别中，全景景别中的环境因素面积是最大的，因此更要耐心、细心地进行取景，在突出画面意境的同时，还要避免杂乱的元素影响主体的表现。

焦距15mm / 光圈F2.8 / 快门速度1/320s / 感光度400

▶ 以鱼眼镜头拍摄得到球形的画面空间，远处的山水、近景中的沙滩、绵延向远方的桥，渲染出一种浪漫、悠远、自然的意境，突出对美好爱情的升华与向往

平视

严格来说，平视角度即指视线（镜头）的角度与拍摄对象立面呈垂直关系，因此在不同景别时，数码相机的机位也应该要有高低的变化。例如在拍摄人物全身像时，大约是以与腰部、臀部垂直的视线进行拍摄，而拍摄面部特写时，则以鼻子或嘴巴作为视线的垂直点。

但就实际拍摄来说，当以腰部、臀部作为垂直点时，就容易产生一种轻微的仰视感觉，因此很多时候，人们还是习惯性的以面部作为水平视角的判断依据。

焦距85mm / 光圈F2.5 / 快门速度1/160s / 感光度200

▶ 以面部作为平视的参考依据，更为容易接受，也更有平视的感觉

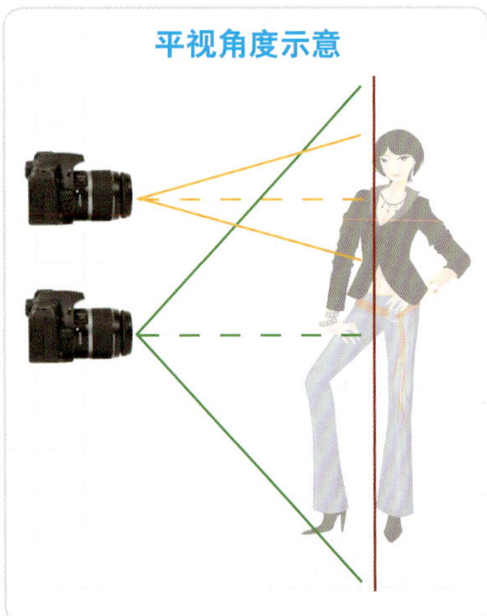

焦距200mm / 光圈F2.8 / 快门速度1/200s / 感光度100

▶ 要获得平视角度，摄影师要以模特的高度作为平视的标准，比如这幅模特坐着的照片，摄影师就要蹲下或跪下进行拍摄

仰视

仰视拍摄可以使被摄人物的腿部显得很长，将人物拍摄得高大、苗条。

由于这种拍摄角度不同于传统的视觉习惯，也改变了人眼观察事物的视觉透视关系，给人的感觉很新奇。人物本身的线条均向上汇聚，夸张效果明显。

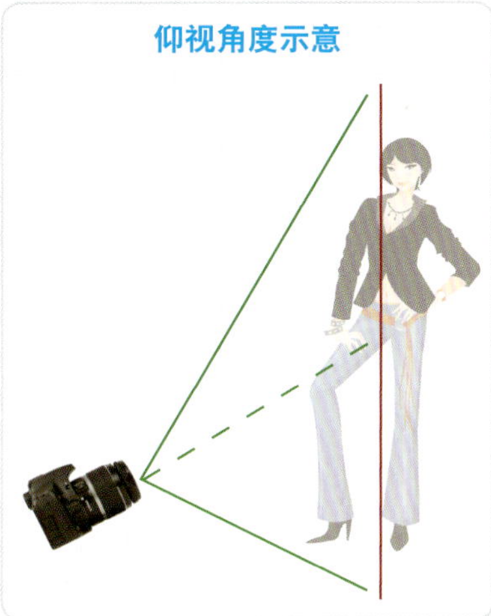

焦距16mm / 光圈F2.8 / 快门速度1/100s / 感光度320

▶ 大角度的仰视拍摄，配合人物的着装及整体的主题，让模特显得更有一种冷酷、野性的感觉

俯视

俯视拍摄的方式有利于展现人物所在的空间层次，可以显示人物所处的环境，并给人以居高临下的感觉。

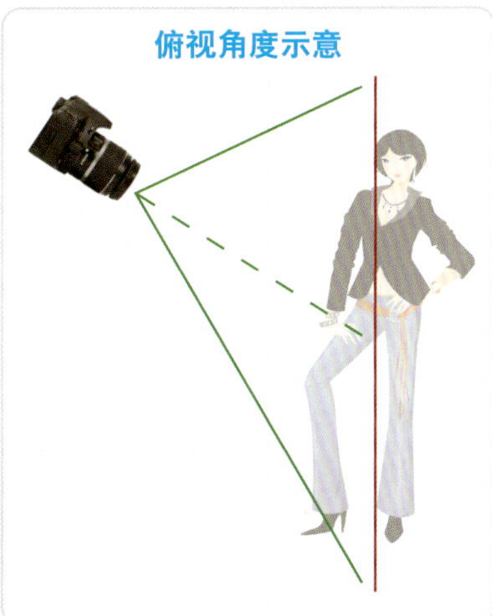

焦距30mm / 光圈F6.3 / 快门速度1/160s / 感光度100

▶ 以居高临下的俯视角度，表现模特的冷酷与忧郁

利用身体局部渲染意境

在拍摄人像时，并非一定要定以面部作为表现重点，尤其在表现一些精致的细节、落寞的氛围时，拍摄人物身体的局部，如腿部、手臂、头发甚至眼睛的特写等，都可以达到很好的渲染效果。此时，更适宜使用各种手法获得小景深，以突出要表现的主体。

▶ 以人物腰部以下作为拍摄对象，轻柔的动作与优雅的姿态，给人一种安逸、落寞的感受

焦距55mm / 光圈F5 / 快门速度1/250s / 感光度100

利用背影/侧影局部渲染意境

背影也是非常好的意境渲染的表现手法，此时，人们很少或不会被人物的相貌、表情所吸引，转而更注重体会画面的整体感觉。

模特的视线可以看向画面内的某物，也可以看向画面以外，形成开放式的构图，给人以想象的空间。

焦距50mm / 光圈F1.4 / 快门速度1/1600s / 感光度125

▲ 柔和的光线下，人物看向远方，画面别有一番味道

利用前景渲染意境

前景是衬托场景气氛非常重要的一种形式，前景与主体之间，二者均可作为画面的清晰或模糊的元素，它们可以表现出的意境各有不同，前者更注重在意境中对人物进行表现，而后者则更为含蓄，主要是以前景的元素进行意境渲染，同时又可以衬托画面中的人物。

焦距100mm / 光圈F3.2 / 快门速度11/160s / 感光度100

▲ 虚化的前景，烘托出唯美的意境

焦距135mm / 光圈F3.5 / 快门速度1/200s / 感光度100

▲ 以物喻情，给人宁静、意味悠长的感受

利用联想渲染意境

当人物的目光或肢体语言引导观者至画面以外时，就很容易让人随之进行联想，配合画面内情景的表现，也可以展示出丰富多彩的画面感受。

在拍摄时要特别注意的是，我们应该为目光或肢体语言所向之处，保留一定的空白，使人们可以拥有想象的空间，避免给人拥挤的感受。

▶ 模特的手指向画面以外的远方，包括眼神在内，都带领观者对远处的某个未知的事物产生好奇

焦距85mm / 光圈F2 / 快门速度1/800s / 感光度200

焦距85mm / 光圈F2.8 / 快门速度1/1024s / 感光度160

利用留白渲染意境

留白是最普通但也最有效的一种渲染画面意境的方式，我们可以放大景别，将人物置于画面的一角，而其他区域作留白处理，可以给人一种宁静、忧郁的画面意境。

为画面留白时的注意事项

- 我们可以将人物置于画面的黄金分割点上，这样比较容易形成自然、平衡的构图结果。
- 留白的区域应较为简单，切不可造成喧宾夺主的问题。

大面积的留白，配合女孩的造型，让画面更显忧郁

倾斜相机以获取灵活画面

在人物摄影中，如果周围的环境比较普通，横平竖直式的构图很容易给人以平淡的视觉感受，此时不妨将相机稍倾斜一些，得到的视觉效果就会大不相同了。

倾斜相机拍摄的注意事项

倾斜相机是为了获得更灵活的构图，但最终的画面感觉仍然应该符合基本的构图要求，如稳重、平衡。千万不要为了倾斜而倾斜，或倾斜后让画面看起来不稳定、不平衡，这样的话，反而让照片失去了应有的光彩。

倾斜的构图让画面中普通的树木、车轨变得有生命力，配合模特自然的造型，画面整体非常协调，反之，无论是采用水平或垂直构图，都有可能会让背景中的景物显得呆板

焦距50mm / 光圈F5.6 / 快门速度1/500s / 感光度100

用光

顺光

使用顺光拍摄人像时，光线会让面部的变得更“平面化”，因而能够掩盖住一些小瑕疵。另外，需要注意的是，顺光会让脸的轮廓变大，因此建议对面部娇小一些的女孩进行拍摄。

值得一提的是，在外景拍摄中，很少采用顺光方式进行拍摄，主要是因为顺光对模特来说较为两眼，在拍摄时很容易眯眼，导致眼睛无神，或者表情不自然、皱眉等。但如果是使用闪光灯直接对人物进行照射时，就是典型的顺光应用了。

▶ 使用内置闪光灯直接为人物补光，面部形成明显的平光，立体感不够突出，但皮肤的细致看起来还不错

焦距200mm / 光圈F7.1 / 快门速度1/160s / 感光度200

侧光与前侧光

对人像摄影来说，侧光人像能够形成较强烈的立体感，尤其是明暗对比较强烈时，硬朗的光线很适合拍摄男性的刚毅与坚强。

如果是拍摄女性，那么就不宜采用较大的明暗对比，因此应该对暗部进行补光。尤其在前侧光的照射下，人物被照亮的范围较大，再加上降低明暗对比后，可以让皮肤显得更加的白皙、柔嫩，同时又不失立体感。

▶ 采用侧光并为暗部补光后，获得较浅的明暗对比，并使皮肤显得非常白皙、柔嫩

焦距35mm / 光圈F5 / 快门速度1/320s / 感光度200

逆光与侧逆光

逆光环境下，光线照射在人物身体上时，可以很容易形成漂亮的头发光及身体的轮廓光。但要注意的是，此时明暗对比都比较大，保险起见应使用点测光模式进行测光，然后再配合适当的曝光补偿进行，以获得准确的曝光。

另外，如果是要清晰地表现出人物的细节，那么应该使用反光板、闪光灯等器材为其阴影区域进行补光。

逆光的使用技巧

逆光与侧逆光是拍摄剪影的绝佳光线，但在拍摄时，要在对焦、曝光等方面多加注意才行。

焦距135mm / 光圈F2 / 快门速度1/400s / 感光度100

▶ 高角度的侧光环境下，光线照射在人物身体上，可以形成漂亮的头发光及轮廓光，通常为正面进行补光，并在背景中避开光源，使得画面整体都得到了正确的曝光

焦距105mm / 光圈F5 / 快门速度1/160s / 感光度125

逆光光晕

逆光光线时，很容易产生逆光光晕效果，虽然在大多数情况下，我们都不希望有它的存在，以免影响画面的效果，但实际上，如果能够有效地利用它，也可以为画面增色不少。

在实际拍摄时，可以将遮光罩卸下或反扣到镜头上，然后进行适当的取景，并让逆光光线能够射入到镜头当中，此时我们在取景的同时就能够看到有光晕进入到镜头中，然后根据拍摄逆光剪影的方法，进行对焦、测光等操作，最后按下快门，就能够得到漂亮的逆光光晕效果了。

◀ 傍晚时分的逆光光线，产生的光晕效果非常漂亮，同时，光线还为人物增加了漂亮的轮廓光效果

柔光

柔光通常是指在室外阴天或者没有太阳直射的光线。在这样的光线下拍摄人像，不会出现光比较大的现象，且无浓重阴影，整体影调柔和细腻，相应的会使人物皮肤看起来柔和细腻。

焦距40mm / 光圈F2.8 / 快门速度1/320s / 感光度100

▶ 在这幅照片中，由于天气环境的原因，画面的光线非常柔和，明暗对比较低，很适合表现人物的皮肤。但要注意的是，此时可能会由于光线不足，需要增加曝光补偿，且快门速度可能会较低，应注意不要出现画面模糊等问题，可适当增大光圈或提高感光度

眼神光

我们都知道眼睛对于拍摄人像的重要性，这其中，眼神光又是表现眼神时非常重要的一种用光手法。没有拍摄到位的眼神光会使眼睛显得呆板、无神，漂亮、恰当的眼神光则是画面的点睛之笔。

焦距28mm / 光圈F2.8 / 快门速度1/800s / 感光度400

▶ 结合使用了反光板及反光伞为人物增加的明亮眼神光

获得眼神光的方法

- 在室内拍摄时通过在适当位置添加光源点，也可以获得漂亮的眼神光。光源的尺寸越大，或光源与模特的距离越近，眼神光就会变得越大，但要考虑眼神光的大小与脸面积的匹配程度。如果在一个较昏暗的空间，可以让模特向窗外亮处看，就能够轻松获得到最真实、自然的眼神光。
- 使用反光板为人物补光时，可以尽量靠近一些，这样可以为眼睛补充更大的眼神光。
- 中高端的外置闪光灯专门带有一个挡光片，可以在为人物补光时，为眼神增加明亮的眼神光。
- 使用反光伞可以为眼神补充扇形的眼神光。

强光环境

午后是一天当中光线最强烈的时间，通常是不适合进行人像拍摄的，因为这种光线的强度很大，照射在人物身体上时，很容易形成较大的明暗对比，要么阴影区域曝光正常、亮部曝光过度，要么亮部区域曝光正常、阴影区域曝光不足，因此在光线上很难把握。

但如果非要拍摄不可，可以使用白色反光板，这样可以让光线透过反光板，对模特进行一定的补光，避免模特的光照完全被挡住，看起来太暗，与背景严重不协调。

焦距90mm / 光圈F3.5 / 快门速度1/200s / 感光度100

如果选择在树荫中躲避强光进行拍摄，一定要注意不要让透过缝隙的光线照射在模特的皮肤上，最好是让模特完全远离这种光线，否则如果其他位置的皮肤曝光正常，那么光线照射到的地方很容易形成“死白”或难看的光斑。

◀ 在室内躲避户外强烈的阳光，并借助窗户光进行拍摄，是不错的选择

焦距50mm / 光圈F1.8 / 快门速度1/250s / 感光度200

如果是强光直接照射在人物身上，那么对于补光的要求就更高，而且在测光时一定要以人物皮肤的曝光为准，而背景中的曝光过度则可以忽略不计。毕竟，将人物拍好才是最终目的，而且如果曝光控制得当，可以形成漂亮的高调照片效果。

◀ 强光透过窗户直接照射在人物身上，为背对光线的模特身体边缘添加了漂亮的轮廓光效果，然后通过2块反光板为正面补光，并以皮肤作为曝光依据，最终获得漂亮的高调人像照片效果

弱光环境

弱光环境下，首先遇到的问题就是快门速度无法得到有效的保证，有时即使使用最大光圈，依然无法得到正常的曝光结果，此时，可以尝试提高感光度或使用闪光灯进行补光。本章前面已经讲解了关于使用闪光灯进行补光的方法，因此在下面的讲解中，将主要说明不使用闪光灯时，在弱光环境下的拍摄技巧。

焦距17mm / 光圈F5 / 快门速度1/100s / 感光度400

▶ 即便有噪点，也要保证拍摄得到清晰的画面

弱光环境下感光度设置的注意事项

如果在不会产生明显噪点的感光度下，仍然无法得到足够的光线，那么也要下决心使用更高的感光度。这样带有噪点的结果，总比因快门速度过低而拍虚了要强，前者还可以通过后期软件进行一定程度的校正，而后者则是完全失败了。

在弱光环境下，如果出现对焦困难的问题，首先，可以考虑使用中央对焦点进行对焦，随着对焦技巧的发展，周边的对焦点在对焦能力上已经有了很大的提高，但仍然是中央对焦点的对焦性能最强。

对焦的注意事项

绝大部分数码单反相机都提供了对焦的辅助功能，例如尼康相机的对焦辅助灯，佳能相机利用相机的内置闪光灯进行频闪，从而辅助进行对焦。

焦距60mm / 光圈F6.3 / 快门速度1/50s / 感光度100

▶ 可以针对较亮的区域进行测光，或由自动对焦辅助功能进行照亮，然后再进行对焦及拍摄

实拍案例

小景深人像的拍摄方法

拍摄小景深的照片，大光圈与长焦距的运用是其中的重点。在无法使用大光圈的情况下，建议使用较长焦的焦距获得小景深。

焦距85mm / 光圈F2.5 / 快门速度1/200s / 感光度320

小景深人像的拍摄方法

❶设置拍摄模式为光圈优先，并设置为最大的光圈，以获得更强烈的浅景深虚化效果。

❷尽可能使用镜头的长焦端进行拍摄，以获得更强烈的浅景深虚化效果。

❸在光线充足的情况下，可将感光度设置成为ISO100，以获得较高的画质。

❹设置测光模式为中央重点 / 中央重点平均测光。

❺将对焦点设置成为单点对焦。

❻半按快门对人物的眼睛进行对焦。

❼对焦成功后，保持半按快门状态并移动相机重新构图，然后按下快门即完成拍摄。

◀使用短焦距与小光圈拍摄得到的大景深人像

大景深人像的拍摄方法

大景深人像的拍摄，主要在于如果设置获得大景深，使用小光圈是获得大景深的主要方法，但同时要注意保证安全快门速度。另外，使用较短的焦距也是形成大景深的关系因素。

大景深人像的拍摄方法

❶选择光圈优先模式，并设置为较小的光圈，通常在F8~F11时就能够得到较大的景深。

❷使用中短焦距拍摄，以获得更大的景深。

❸在光线充足的情况下，可将感光度设置成为ISO200。反之，则根据快门速度（保证在安全快门以上）适当提高感光度。

❹设置测光模式为中央重点测光。

❺将对焦点设置成为单点对焦。

❻半按快门对人物的眼睛进行对焦。

❼对焦成功后，保持半按快门状态并移动相机重新构图，然后按下快门即完成拍摄。

使用短焦距与小光圈拍摄得到的大景深人像

焦距28mm / 光圈F10 / 快门速度1/30s / 感光度200

跟拍人像的拍摄方法

跟随拍摄方式需要预估模特的运动轨迹和速度，然后随着人物的运动方向移动相机，最终以较低的快门速度进行拍摄，从而使背景变为具有线条状的模糊效果。

跟拍人像时，背景中的动感程度，与我们在拍摄时身体转动的幅度有很大关系

跟拍人像的拍摄方法

❶推荐将相机置于三脚架上，以便于跟随拍摄。

❷选择快门优先模式，并设置较低的快门速度。通常情况下，使用1/8~1/30s的快门速度即可。

❸设置测光模式为中央重点测光。

❹将对焦点设置成为单点对焦。

❺设置对焦模式为连续自动对焦模式。

❻设置驱动模式为连拍（低速连拍即可）。

❼半按快门对人物进行对焦，并随着人物的运动而移动相机，以保证及时、准确的对焦。

❽按下快门进行多张连拍，直至满意为止。

现场光人像的拍摄方法

现场光下，通常会有非常明亮的灯光，因此在拍摄时，测光系统很容易受到强光照射的影响，而产生并非以主体——人物为依据的曝光结果，但此环境下拍摄的好处就是，通常其光线都较为固定，因此建议采用手动模式进行曝光。

焦距85mm / 光圈F2.2 / 快门速度1/160s / 感光度100

◀ 现场光下拍摄到的人像

现场光人像的拍摄方法（无闪光灯）

❶设置拍摄模式为光圈优先，并设置为最大的光圈。

❷设置测光模式为点测光。

❸半按快门激活相机，并对人物进行对焦。

❹此时相机以点测光模式对模特进行测光，记住该曝光组合参数，并按下快门进行试拍。

❺若拍摄结果不满意，可以重复第 3~4 步的方法，直至获得满意的曝光组合为止。

❻切换至手动模式，并按照上一步获得的满意的曝光组合进行设置。

❼使用设置好的曝光参数，进行对焦、构图并拍摄即可。光线变化较大时，可适当调整光圈或快门速度。

逆光剪影人像的拍摄方法

在面对光线时，任何一支镜头都相当于一个或多个凸透镜，越是长焦镜头这种凸透镜作用就越明显，因此在拍摄时，应尽量避免直视阳光，或尽量减少直视阳光的时间，以避免对镜头、相机及视力造成损伤。逆光拍摄时，很容易在画面中出现光晕，首先，使用光罩来防止镜头光晕是首选的方法，另外，适当调整一下镜头的位置，在很多时候也能够有效避免光晕问题。

焦距105mm / 光圈F16 / 快门速度1/400s / 感光度100

▲ 避免光晕也是拍好日出日落较为重要的一点

◀ 对焦点位置示意图

拍摄光景时的注意事项

- 选择光圈优先模式，并设置适当的光圈数值，建议在 F11 以上，以拍摄得到较好的光线质感。
- 设置感光度为 ISO100~200，以保证较高画质。但如果光线不充足，快门速度过低，则应适当提高感光度或光折圈。
- 为了得到更好的层次和质感，可适当地降低 0.3~0.7 挡的曝光补偿。

逆光剪影人像的拍摄方法

❶设置拍摄模式为光圈优先，并根据需要设置光圈值，如需大景深则设置较小的光圈值，反之则设置较大的光圈值。

❷在光线充足的情况下，可将感光度设置为 ISO100，以保证较高画质。

❸将测光模式设置成为矩阵 / 评价测光，并对画面中较亮的位置区域进行测光（半按快门激活相机即可）。

❹按下曝光锁定按钮，锁定上一步的测光结果。

❺半按快门对拍摄主体进行对焦。如果较难于对焦，可将对焦点设置为单点对焦，然后在拍摄对象与逆光相交的位置进行对焦，此时有非常高的成功对焦几率，但要注意的是，对焦成功后要确认焦点是位于要拍摄的对象上，而不是背景。

❻保持半按快门状态，同时按下锁定曝光按钮，然后移动相机重新进行构图，再按下快门即完成拍摄。

第 8 章 儿童

家长最喜欢记录下家里宝宝的成长历程，有时平凡的记录未免显得乏味，怎么拍摄才使我们的画面充满回味无穷的欢乐呢？本章从器材准备、曝光控制、注意事项、摄影主题、构图技巧、用光技巧、实拍案例方面，为您详细地进行讲解。

器材准备

大光圈定焦镜头

如果拥有一支其他镜头无法匹敌的大光圈定焦镜头，可以有效地虚化杂乱背景，从而使孩子在画面中更加突出。而且在光线不足的地方，大光圈还可以增加进光量，从而有效地提高快门速度，更快地抓拍宝宝的精彩瞬间。

焦距37mm / 光圈F5.6 / 快门速度1/125s / 感光度200

▶ 使用大光圈的定焦镜头即使是在家中也可以很好地虚化背景

变焦镜头

定焦镜头虽有不错的虚化效果，只是如果发现位置不合适，却只能移动位置重新构图拍摄，很容易耽误拍摄时机。此时，一支等效焦距在 24~85mm 或者更长焦距的变焦镜头是比较好的选择。摄影师可以通过变焦控制，获得理想的画面构图。

尤其是在户外活动范围比较广的地方，使用变焦镜头可以不断捕捉不同景别的画面，而且如果是长焦距的话，还可以很好地虚化背景，使孩子从杂乱的背景中凸显出来，且不打扰孩子玩耍。

▲ 使用变焦镜头拍摄到的不同景别的画面，同时可以记录更丰富的画面

曝光控制

智能对焦

孩子们天性好动，喜欢玩耍，他们不喜欢保持一个姿势不变。此时可以将相机设置为 AI SERVO 人工智能伺服自动对焦（佳能）或 AF-C 连续伺服自动对焦（尼康）模式，在拍摄时，半按快门对主体对焦后，即使孩子移动位置，数码相机也可以自动进行跟踪。从而可以更好、更快地抓拍动、静不断变换的孩子。

对于好动的孩子来说，建议使用自动对焦点，由相机自动判断对焦的对象，使用起来更方便，不会发生在选择对焦点后再移动相机重新构图时，孩子的表情、位置已经发生变化的情况，因此也不容易错失拍摄时机或者无法拍摄到清晰的画面。

▶ 智能对焦模式非常抓拍适合运动中的儿童

焦距200mm / 光圈F11 / 快门速度1/300s / 感光度100

提高快门速度设置连拍功能

拍摄儿童不是一件容易的事。他们常常会大喊大叫，跑来跑去，并且动作不可预测。因此在拍摄时，除了使用智能对焦外，还需设置比正常更高的快门速度、启用连拍方式，以保证在儿童突然动起来时，也能够连贯、清晰地进行拍摄。

对相机本身来说，想要提高快门速度，除了增大光圈，就只有提高感光度了。但是，为了保证拍摄得到更好的画质及较为柔滑细腻的儿童皮肤，建议不要使用太高的感光度参数。因此，可以使用三脚架保持稳定，获得较清晰的画面。

▶ 使用高速连拍记录下孩子们在一起玩耍的镜头，画面很真实、自然

焦距58mm / 光圈F7.1 / 快门速度1/400s / 感光度400

注意事项

顺其自然

对于儿童摄影而言，建议拍摄欢笑、哭泣、玩耍时的自然瞬间，而不是指挥他们怎样笑或怎样摆姿势，况且他们也不会听你指挥。所以还是顺其自然为好，孩子的表情是什么样子就是什么样子，这样才最真实、自然。

另外，为了避免孩子们看到相机为自己拍照时紧张，建议使用长焦在远距离不影响他们活动的地方拍摄。

焦距85mm / 光圈F2.8 / 快门速度1/200s / 感光度100

▲ 适当地引导宝宝，使宝宝发自内心的欢笑，画面效果一样很好

焦距70mm / 光圈F7.1 / 快门速度1/160s / 感光度400

玩具吸引孩子的注意力

在拍摄时，不妨准备一些有针对性的玩具，比如男孩子喜欢的枪、汽车、变形金刚等，以及女孩子喜欢的各种毛绒玩具等。玩具和游戏可以让孩子很快融入自己的世界中，使拍摄过程更轻松、自然。

儿童摄影技巧

- 适当准备一些有响动的玩具，如可以发声音的小鸭子、拨浪鼓等，来吸引宝宝的注意力，以便拍出更可爱、自然的照片。
- 可以亲切地与其交谈，做一些孩子比较感兴趣的事，适当地赞美孩子，从而带动他的情绪。
- 设置感光度为ISO100~200，保证较高的画面质量。

◀ 看到玩具的孩子，简直就是爱不释手，抱起玩具就完全进入了自己的世界

吃东西时的样子

美食可以吸引孩子的注意力，可以很好的调动孩子们可爱的表情。只是越小的孩子们，“吃相”也就越难看，有的时候孩子们将食物弄得满脸都是，甚至衣服上也有，这个时候，可以适当的帮宝宝将脸擦干净，不过宝宝不顾一切的吃相也是蛮可爱的，可以适当的拍摄一些这样的题材，对孩子来说是一个成长阶段的记录，对家人来说也是一个美好的回忆。

▲ 抱着苹果的小家伙多么可爱啊

▲ 斯文的小姑娘见了美食也会这么不顾吃相，都开始用手抓了

选择状态好的时间拍摄

刚刚来到这个世界上的宝宝，情绪波动比较大，他们不会顾及那么多，想哭就哭想闹就闹。

虽然如此在一天中，他们也是有兴奋的时候的，基本都在早上9：00~11：00之间，此时的光线比较柔和，让宝宝感觉会很舒服，同时还多了一些暖暖的色调，更适合渲染温馨的画面。所以可尽量选在这个时间段进行拍摄。

焦距70mm / 光圈F5 / 快门速度1/200s / 感光度100

▲ 刚刚睡醒或者刚刚吃饱的宝宝精神往往是最好的

摄影主题

闪现的瞬间

在孩子成长过程中经常会出现一些有趣的镜头，而其中有许多精彩镜头往往都是“一次性”的。所以无论是在家中玩耍，还是外出游玩，最好时刻准备好相机，以便我们能够尽快地进入拍摄状态，不会错过拍摄良机。

在拍摄时，应尽量提高快门速度，保证我们能更清晰的抓拍孩子瞬间的精彩照片。

焦距135mm / 光圈F5.6 / 快门速度1/500s / 感光度200

▲ 开心大笑的样子真是可爱至极，没有哪个摄影师不想赶快抓拍下来这一闪而过的瞬间的

儿时的娇嫩面容

儿童题材的摄影是很多摄影师喜欢拍摄的题材，原因是儿童天真可爱的表情，较小柔嫩的身形以及滑嫩的肌肤等都是非常好的拍摄题材。

宝宝新生的肌肤非常娇嫩，肢体语言也非常丰富，不仅如此，他们睡觉时可爱的身形也是非常可爱、迷人的。

焦距50mm / 光圈F2.8 / 快门速度1/100s / 感光度400

◀ 女孩滑嫩的小脸蛋看上去就想摸一摸

焦距35mm / 光圈F5.6 / 快门速度1/250s / 感光度100

◀ 小家伙酣睡的神态及蜷缩的身体在画面中显得十分可爱

丰富的表情

孩子的表情是最丰富的，他们可以毫无顾忌的想哭就哭，想笑就笑，夸张的鬼脸也是非常可爱的。

因此在拍摄时，不妨多捕捉一些有趣的表情，记录孩子每一个纯真自然的瞬间，为孩子们长大后，留下更多的回忆。

建议摄影师们在拍摄儿童照片，不要一味地追求孩子的笑脸，偶尔的哭相也是很可爱的。应该全方位的展现孩子的丰富表情。

焦距55mm / 光圈F8 / 快门速度1/200s / 感光度100

▲ 夸张的表情透露出孩子的纯真、可爱

拍摄宝宝丰富表情时的注意事项

- 尽量顺其自然的拍摄，不要干扰孩子，拍摄孩子发自内心的表情，记录孩子最自然的画面。
- 建议使用长焦以便给宝宝一个空间，避免给孩子造成拘束感。

孩子玩耍时的喜悦

孩子们玩耍时总是忘我的，不顾一切的玩耍时样子非常可爱，而且玩耍时的孩子们更加放松并能表现出他们最自然、生动的一面，同时也是摄影师进行抓拍精彩镜头时的绝佳时机。

推荐使用长焦镜头拍摄，一来可以不干扰孩子游戏，二来可以虚化杂乱的背景，使孩子在画面中更加突出。

▲ 孩子愉快的奔跑在沙滩上感觉很轻松、自然

焦距125mm / 光圈F5.6 / 快门速度1/500s / 感光度100

▲ 从孩子的表情可以看出，孩子玩的非常开心

与伙伴们一起

宝宝在成长的道路中会有很多的伙伴，他们之间的情感世界也是不错的拍摄题材。与伙伴在一起时孩子表现会更加自然，其活泼、爱动的可爱性情会被更多的激发出来。

在拍摄玩伴之间的画面时，由于拍摄对象已经有一个人变为两个人甚至多个人，所以拍摄时就需要顾及到大家的情绪，还应及时观察照片中有没有部分虚影或个别人闭眼的情况，同时，还需要适当的引导他们，使他们表情不要太过僵硬，以得到更自然的画面。

焦距50mm / 光圈F4.5 / 快门速度1/100s / 感光度400

▲ “开心一吻”可以看出两个小伙伴的感情非常要好

焦距50mm / 光圈F7.1 / 快门速度1/320s / 感光度100

▲ 与很多小伙伴在一起，非常开心，也是非常具有纪念价值的照片

家人的怜爱与呵护

在拍摄孩子时，常常会把拍摄的焦点放在孩子身上，其实，家人常常不经意间流露出关爱、呵护的眼神等都是不错的拍摄题材。

母亲是孩子是一个永恒的拍摄题材，拍摄时，可着重捕捉母子间的信赖感和亲情，温馨的画面、自然的表情与动作，足以打动每个观者。另外，父亲对与孩子的爱，通常来说都是内敛而又深沉的。正因如此，父亲温情流露的瞬间才难能可贵。

▲ 从父亲的眼神中可以看出对孩子的无比怜爱

▲ 一家人来张合影，在爸爸妈妈呵护下，小家伙怎能不健康、快乐

构图技巧

特写画面

拍摄儿童时可以尝试大胆裁切，突出主体的方式拍摄。将精致的特写充满整个画面，可能只是宝宝的一只小脚丫或者撅起的小嘴，这些都是值得留作纪念的。

摄影师可以利用长焦镜头或者较大光圈进行拍摄来得到景深较小，主体突出的画面效果，在构图上还可以将干扰画面主体的背景排除在画面之外进行简化构图，以达到突出宝宝主体的效果。

▶宝宝的嘟嘟的小嘴充满画面， 夸张的构图使画面视觉感强烈

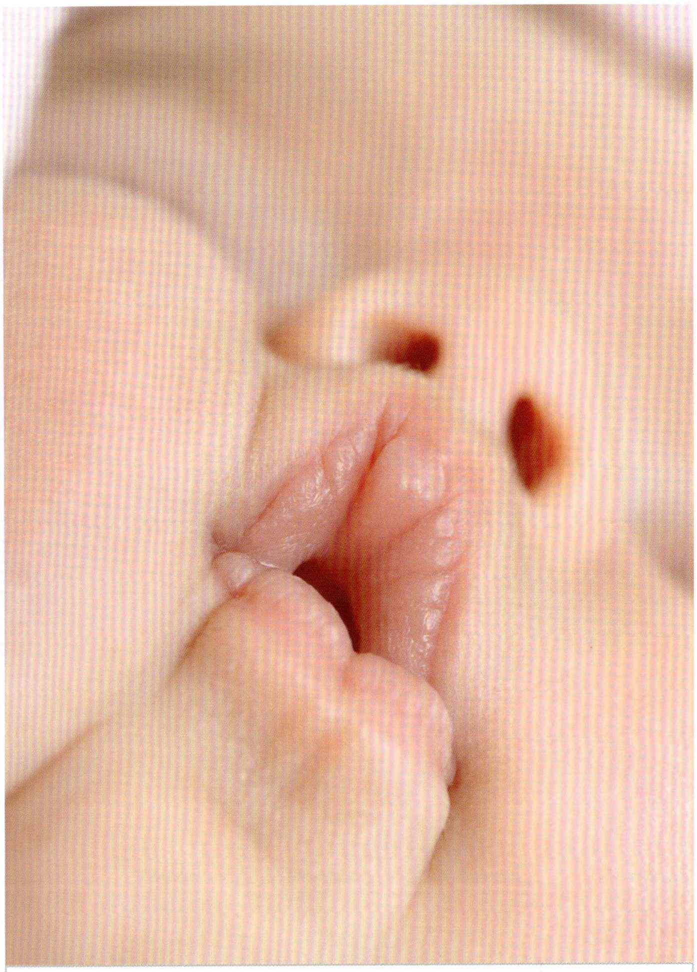

焦距100mm / 光圈F5.6 / 快门速度1/200s / 感光度200

多种角度

孩子可爱的身形、表情是多样化的，适当的变化角度可以得到不一样的画面效果。拍摄时适时的调整拍摄高度或拍摄角度以达到理想的画面效果。例如，以平视的角度拍摄儿童，可以拍摄到最真实、最自然的儿童照片；而俯视拍摄儿童，可将周围环境纳入到画面中来的同时还可以凸显儿童的娇小可爱。

▲ 稍微的俯视角度可以凸出孩子的娇小可爱

▲ 采用更俯视的角度拍摄孩子做鬼脸的画面，画面趣味感十足

用光技巧

散射光表现宝宝柔嫩的皮肤

想要更好地表现儿童娇嫩的皮肤，建议不要在太阳下拍摄，而应在散射光下，原因是散射光下拍摄的孩子不会出现浓重的阴影，没有较大的明暗反差，整体影调柔和细腻，所以能更好地表现宝宝柔滑、娇嫩的肤质。

散射光拍摄时注意

- 由于散射光光源不明显，可以使用反光板加强面部的光感。
- 设置感光度为ISO100~200，以保证较高画质。
- 使用三脚架保持相机稳定，保证画面清晰。
- 启用高速连拍功能，定格宝宝瞬息万变的表情。

▶散射光下宝宝的皮肤显得更加柔嫩、细腻

焦距85mm / 光圈F11 / 快门速度1/200s / 感光度100

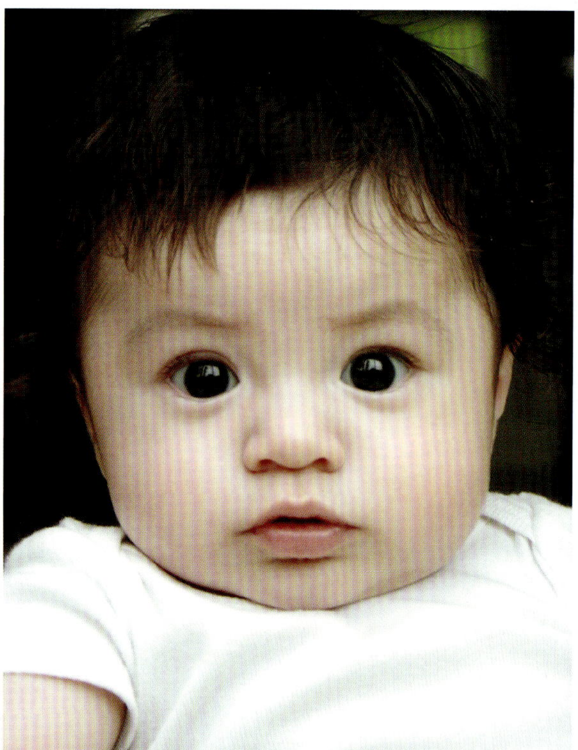

焦距43mm / 光圈F5.6 / 快门速度1/100s / 感光度400

避免闪光灯对孩子的伤害

在拍摄时，看到宝宝可爱的大眼睛，有哪个摄影师忍心使用闪光灯拍摄呢？使用闪光灯对刚刚出生及三岁前的孩子拍摄，孩子“娇嫩”的眼睛会被闪光灯强烈的光线所伤害的，因此，为了他们的健康着想，拍摄时一定不要使用闪光灯。

如果光线条件不充足的话，可以打开更多的灯或选择在窗户附近光线较好的地方，以提高光照强度，但是值得注意的是，这样的光线可能会比较散、比较杂，应将反光板放置于向光的地方，并靠近宝宝以使光线变得更加柔和、自然。

◀靠近窗边也可以拍摄到不错的画面

实拍案例

长焦镜头抓拍的方法

长焦镜头最大的优势就是拍摄活动和游戏中的儿童时，可以与孩子保持适当的距离，从而不干扰孩子的玩耍，还能够很好地虚化背景，简洁画面，使孩子从杂乱的背景中凸显出来。

焦距200mm / 光圈F5.6 / 快门速度1/250s / 感光度200

▲ 长焦镜头可以远距离抓拍孩子可爱的表情，并使杂乱的背景虚化

使用长焦抓拍的方法

❶尽可能使用镜头的长焦端进行基本的构图。原因之一是尽可能确保不会干扰孩子活动，同时，长焦端拥有更强的虚化能力，对于拍摄浅景深效果大有帮助。

❷将拍摄模式设置为光圈优先，并设置为最大的光圈值。如果担心最大光圈下图像质量会下降，可适当收缩半挡光圈。

❸将 ISO 设置为 100，以保证较高画质。但如果光线不充足，快门速度过低，则应适当提高感光度或光圈。

❹将对焦模式设置为单次自动对焦模式。建议选择中央对焦点进行单点对焦。

❺将测光模式设置为评价测光，针对被摄对象进行测光。

❻将对焦点设置成为单点对焦（如追求较高的对焦精度，建议使用中央对焦点）。

❼半按快门对拍摄对象进行对焦。

❽对焦成功后，保持半按快门状态并移动相机重新构图，然后按下快门即完成拍摄。

小景深拍摄儿童摄影的方法

儿童身形比较瘦小，如果使用大景深拍摄，会把周围的景物也清晰带入画面，使宝宝的主体位置受到影响。

▶ 使用小景深拍摄，孩子在画面中更加突出

焦距70mm / 光圈F3.2 / 快门速度1/200s / 感光度400

拍摄小景深摄影时的注意事项

- 在拍摄小景深时，可能会降低快门速度，提高感光度可以适当的提高快门速度。
- 使用曝光补偿功能柔化宝宝肌肤，使宝宝肌肤更细腻。
- 把相机放在随时取放的位置，以便随时准备抓拍。
- 准备充足的相机电池。
- 弱光环境下建议使用三脚架保持稳定，或在窗前拍摄。

拍摄小景深儿童摄影的方法

❶设置拍摄模式为光圈优先，并设置为最大的光圈，以获得更强烈的浅景深虚化效果。如果担心最大光圈下图像质量会下降，可适当收缩半挡光圈。

❷尽可能使用镜头的长焦端进行拍摄，以获得更强烈的浅景深虚化效果。

❸在光线充足的情况下，可将感光度设置成为ISO100，以获得较高的画质。

❹设置测光模式为中央重点 / 中央重点平均测光。

❺将对焦点设置成为单点对焦（如追求较高的对焦精度，建议使用中央对焦点）。

❻半按快门对人物的眼睛进行对焦。

❼对焦成功后，保持半按快门状态并移动相机重新构图，然后按下快门即完成拍摄。

第 9 章

山川

拍摄巍巍高山时，可通过不同的构图，或体现其高大，或体现其稳定等特色，而为了不使画面单调也常需要其他的陪衬物。本章从曝光设置、构图技巧、用光技巧、实拍案例等方面讲解了拍摄山川的技巧。

曝光设置

增加曝光补偿拍摄雪山

大雪过后，银装素裹的山景在像水晶一样透明的天空下显得十分圣洁，阳光照射上去勾勒出山峦简洁的轮廓，那么怎样才能很好地表现雪山的这种美呢？

在拍摄时，为了表现雪山的影调层次和白雪的质感。应使用曝光补偿功能，增加 1~3 挡曝光量，或用点测光对中间色调部分测光，然后将其锁定后再重新构图拍摄。为什么不用相机内置的测光系统测光呢？因为相机内置的测光系统拍摄时会按正常情况测光，很容易产生曝光不足，画面偏灰的现象。另外，在拍摄不同时间、不同景别的雪景时，建议尝试调整相机的白平衡，会得到意想不到的结果。

焦距18mm / 光圈F20 / 快门速度1/320s / 感光度200

▲ 通过增加1挡的曝光补偿，色彩和层次都有了较好地表现

焦距185mm / 光圈F11 / 快门速度1/2s / 感光度100

▶ 通过使用白平衡，使画面呈蓝紫色调，得到不一样的画面效果

减少曝光补偿表现山间奇石质感

拍摄时，不能只记得拍摄大山的伟岸，一些造型、色彩特异的山石也是不错的拍摄题材。采用局部特写的方式进行拍摄，可以表现山石的奇特和质感。

拍摄时，适当降低曝光补偿，可以使山体的质感更加突出，细节更加丰富。值得注意的是，在拍摄岩石的特写时，山岩和背景的明暗、色彩反差越大，拍摄出来的岩石越突出。

焦距7.3mm / 光圈F5.6 / 快门速度1/2s / 感光度100

▶ 层层的山体纹路使画面显得更有节奏感及形式美感

拍摄大山特写时注意

- 为了清晰地表现岩石的细节，需要使用光圈为F16/F22的较小值。而缩小光圈必然会导致快门速度降低。因此，即使是在阳光下拍摄，也需要使用三脚架来保持相机的稳定。
- 拍摄时，注意光线变化，不要把自己的影子也拍入画面，影响了画面效果。
- 耐心等候最适合的光线，多尝试各种光线下的表现效果。

焦距35mm / 光圈F11 / 快门速度1/60s / 感光度100

▶ 适当的降低了0.3挡的曝光补偿，画面质感丰富，更具视觉冲击力

构图规则

三角形构图

三角形构图给人的感觉就是稳定、安全。而大山给人的感觉也是如此。因此用三角形构图结合山体造型结构拍摄，更能够带给人以向上的突破感与十足的稳定感，使画面有种简洁、大气的感觉，并体现出山体壮美、磅礴的气势。这也是拍摄山峰常用的构图手法。

焦距12mm / 光圈F22 / 快门速度1/3s / 感光度100

▲ 使用三角形构图更能突出大山的稳重及磅礴的气势

V形构图

利用两山之间的走势，形成V形构图，在视觉上较易产生视差感，从而使画面更加富于变化，产生一种走势延伸上的矛盾性，增加画面张力、激活画面，以得到强视差的动感画面。这样的构图多用于表现突出其中一座山峰或突出某种主体时使用，因其特殊的构图，很容易将主体置于画面中心，从而强化、突出主体。

▶ 利用两山之间形成的“V”形使画面中心的山更加突出

焦距18mm / 光圈F9 / 快门速度1/125s / 感光度200

构图技巧

选择视野开阔的地点拍摄

想要拍好山景，选择位置很重要并且是很有讲究的，拍摄时一般要选择较高的地势，例如在山顶拍摄时，视野开阔，很容易表现鸟瞰群山的画面效果，以及崇山峻岭连绵不绝的场景。

焦距100mm / 光圈F22 / 快门速度1/125s / 感光度200

如果选择山腰或者谷底拍摄，由于视线受阻很可能无法展现山川的全貌，也常常会因为透视变形，使原本陡峭的山峰显不出它的伟岸。

登上山顶选择视野开阔的地方拍摄，则可以感受到整座山的雄伟气势，令人不禁想起“会当凌绝顶，一览众山小”的诗句。

◀站在高处俯瞰山峰，可以看到更宽阔的景色

巧用云雾

很多古代画家都喜欢画山水，也喜欢用云雾衬托山川。缥缈、清幽的云雾在山间萦绕，使得远处的山峰更加梦幻，而近处的景色则很清楚，加强了画面的虚实对比，拉大了山与山之间的视觉距离，使画面的视觉空间上得到延伸，增添了山峰的灵秀之气。

拍摄时适当的增加 0.3~0.7 挡曝光补偿可以使云雾显得更加清幽，更能衬托出如诗如画的山川。

▶ 被云雾缭绕的山峰显得非常秀气，仿佛一幅浓墨重彩的油墨画

焦距70mm / 光圈F16 / 快门速度1/60s / 感光度100

横画幅

由于风景多数都是宽阔、一望无际的，使用横画幅构图可以更加强调这种宽阔，表现力更强，配合地平线的延伸，画面的气势被再次放大，更加突出了大山的稳定感。因此，这也是很多摄影师喜欢使用横画幅来表现山川的原因。

横画幅拍摄时的注意

- 在画幅选择时不可完全遵从拍摄对象形状，即使拍摄形态纵向延伸的景物，横幅构图也可以用更宽广的视角来表现画面中除拍摄主体以外的其他自然元素，以增加画面的情趣。

焦距34mm / 光圈F8 / 快门速度1/640s / 感光度250

▶ 横画幅更能表现大山的稳定感，使画面更宽阔

竖画幅

竖幅构图可以精简地面的拍摄对象，突出拍摄主体的高大和伟岸，也可以更充分地将拍摄对象和天空或者地面融合，收取云朵、太阳等更多的元素。

因此虽然横幅构图有诸多优点，但画幅的选择还要根据拍摄对象的具体属性作出判断。在实际拍摄时，建议两种构图方法都尝试一下，比较哪种方式构图更能突出主体，哪种更适合表现主体就选哪种。

焦距135mm / 光圈F16 / 快门速度1/500s / 感光度100

◀ 竖画幅非常适合表现山体的纵深感

前景

前景的出现可以帮助画面主题的表达，加强画面的气氛，交代主体周围环境信息，延展画面可读性，使画面在表现力方面更加饱满。

摄影时应根据拍摄现场的有利条件，因地制宜，就地取材合理的使用前景衬托山川。

在处理画面前景时的原则和前提条件是，前景是陪体之一，是为加强主体表现而服务的，也就是说，前景在画面上不能妨碍主体表现，如遮挡观者的视线，分散对主体的注意力等。

▶ 将小羊处理成剪影，既衬托了山峰的雄伟，又不干扰山峰的主体地位

焦距54mm / 光圈F5.6 / 快门速度1/250s / 感光度100

陪体

陪体对主体形象在画面上起烘托作用。通过画面陪体，使主体形象表现得更加充分有力。就像红花在绿叶的陪衬下，更显鲜艳醒目一样。需要注意的是，绿叶毕竟是绿叶，不要喧宾夺主，以免影响主体的表现。

其次，陪体对构图上的完整也有重要作用。在拍摄大山时，通过陪体形象可以加强画面的纵深感，丰富画面影调及使画面更有意境。

▲ 山下的房子及缭绕在山间的云雾作为陪体使大山显得更有意境

▲ 具有民族特色的牦牛作为陪体，既丰富了画面又交代了环境

用光技巧

侧光

拍摄山景时要注意光线的灵活运用。侧光拍摄山景，可以描绘出山体的线条，展现山峦的层次，使画面更具立体感，获得丰富的影调变化，产生较强的空间感和立体感。

焦距230mm / 光圈F20 / 快门速度1/400s / 感光度200

由于受光面与背光面的强烈对比，可看出山的立体感很明显

逆光

选择逆光拍摄，被摄主体大部分处于阴影中，此时应与云雾结合拍摄，利用强烈的明暗对比以突出山体的轮廓，强化山体在画面中的表现。如果是从高处俯拍，还可以得到层层罗列的剪影效果，突出呈现其连绵起伏之貌，使画面更具形式之美。

焦距135mm / 光圈F11 / 快门速度1/800s / 感光度320

▲ 逆光拍摄大山，表现了大山由远到近的层次感，蓝紫色的色调使山体显得更加有韵味

焦距80mm / 光圈F10 / 快门速度1/200s / 感光度400

▲ 若隐若现的山川在云雾的衬托下显得更加迷人

实拍案例

拍摄山间流动的云海的方法

山间云海给人一种神秘、梦幻的感觉，它形态优美、色彩绚丽、千姿百态，完美的表达出这种好似仙境的效果。

焦距40mm / 光圈F9 / 快门速度1/320s / 感光度400

▲ 利用雾气使画面形成虚实对比，使画面更具有神秘气氛

山间流动的云海的拍摄方法

❶由于高山拍摄，可能会有风，手持相机会发生抖动，所以使用三脚架保持相机的稳定，确保画面质量。

❷将拍摄模式设置为光圈优先模式，并设置光圈为 F16~F22。以确保足够大的景深及大部分的景物清晰。

❸将 ISO 设置为 100，以保证良好的画质。

❹将测光模式设置为平均测光，以保证画面准确的曝光。

❺降低 0.3~1.5 挡的曝光补偿，以保留更多的画面细节及质感。

❻半按快门对景色进行测光、对焦。

❼保持半按快门状态移动相机选择合适的构图。

❽确定取景范围后完全按下快门进行拍摄。

拍摄高调雪景的方法

大面积淡色调的雪景给人感觉很清爽，拍摄高调雪景时，虽以淡色调为主，但也需要注意层次的表现，也要有少量的深色陪体存在。

拍摄时，应采用正面光或漫射光，画面会显得更加柔和、反差不明显。适当的增加 0.5~1.5 挡的曝光补偿，可以更好地表现高调效果。

焦距35mm / 光圈F16 / 快门速度1/250s / 感光度100

▶ 适当的增加了0.5挡的曝光补偿，使白雪看起来更加皎洁，近景的树枝及远景的雪山使这幅高调作品不那么单调，还使画面有很强的纵深感、层次感

拍摄高调时的注意

- 建议使用中灰镜，以减少镜头的进光量，避免照片过曝。
- 结合实际环境的光源色温进行拍摄，以得到洁净的纯白色调。
- 结合相机的白平衡设置来获得独具创意性的画面影调效果，以服务于画面主题的表达。
- 将感光度设置在 ISO100~200 之间，过高的感光度会使干净的画面有杂色和噪点，影响画面效果。

高调雪景的拍摄方法

❶使用三脚架保持相机的稳定，尤其是在有风的情况下。

❷设置拍摄模式为光圈优先，并设置光圈值为 F8~F16，以保证足够的景深及较清晰的画面。

❸在光线充足的情况下，可以将感光度设置成为 ISO100，以获得较高的画质。

❹设置测光模式为矩阵 / 评价测光。如果画面以雪为主，可使用评价 / 矩阵测光，如果是部分有雪，先长焦点测、锁定、再拍摄。

❺适当增加 0.3~1.7 挡的曝光补偿，以便拍摄得到洁白的雪景。

❻半按快门对拍摄对象进行对焦。

❼对焦成功后，保持半按快门状态并移动相机重新构图，然后按下快门即完成拍摄。

逆光将山脉拍摄成为起伏不定的线条

焦距35mm / 光圈F8 / 快门速度1/1000s / 感光度100

如果站在比较高的位置俯视，能够通过逆光拍摄的手法，将山脉拍摄成起伏不定的线条。如果是在早上或黄婚，还可以利用空气透视的原理，使画面的空间感得到增强。

捕捉山间放射状光线的拍摄方法

❶选择光圈优先模式，并设置适当的光圈数值，建议在 F11 以上，以拍摄得到较好的光线质感。

❷设置感光度为 ISO100~200，以保证较高画质。但如果光线不充足，快门速度过低，则应适当提高感光度或光圈。

❸为了得到更好的层次和质感，可适当降低 0.3~0.7 挡的曝光补偿。

❹选择矩阵 / 评价测光模式。

❺对画面进行构图并半按快门进行对焦。

❻保持半按快门状态可移至相机调整构图。

❼确定最终的画面后，按下快门即完成拍摄。

第 10 章 水景

一望无际的海面、静谧的秋季湖泊、林间蜿蜒的溪流都是摄影爱好者喜爱的拍摄题材，需要用熟练的摄影技巧来突出其特色。本章就器材准备、曝光设置、构图规则、实拍案例等方面详细讲解了拍摄水景的技巧。

器材准备

偏振镜

水流丝滑的效果是摄影师们都喜欢拍摄的画面效果，而想要拍出这种丝滑的感觉，就需要将快门速度降低。但是在光线充足的情况下，很难控制快门速度使其降低，所以，建议使用偏振镜。

偏振镜在拍摄流水时，主要用途是消除或减少水面的反光，因此，它也可以在一定程度上降低入光量。如果身边没有中灰镜，可以使用一块或多块偏振镜叠放在一起的方式，来减少进光量，同样可以拍出不错的水流效果。

焦距17mm / 光圈F23 / 快门速度1/4s / 感光度100

▶ 使用偏振镜可以降低进光量，使快门速度降低，从而得到丝滑的水流效果

中灰镜

使用低速快门拍摄水流时，由于需要较长时间的曝光，即使是将光圈设置为最小，感光度最低的情况下，也有可能会拍摄到曝光过度的结果。

而使用中灰镜后便可减少这种问题，使用中灰镜来减少进光量，从而使水流丝滑的效果出现，而画面却不会过曝。

焦距50mm / 光圈F22 / 快门速度6s / 感光度50

▲ 使用中灰镜降低进光量后，水流丝滑的效果出现，而画面却没有过曝

曝光设置

快门优先模式

水景是很多摄影师偏爱拍摄的题材之一，例如长时间曝光拍摄的梦幻效果的水流，高速快门拍摄的飞速下落的水滴或瀑布，而拍摄这些题材就需要使用快门优先模式。

在快门优先曝光模式下拍摄流水，可以灵活的控制曝光时间，以得到所需的画面效果。在这种模式下，摄影者只需设定快门速度，相机就会自动设定光圈的大小，非常适合水景的拍摄。

焦距24mm / 光圈F25 / 快门速度1/2s / 感光度100

▲ 使用较低的快门速度拍摄呈絮状的水流效果

▲ 较高的快门速度定格水流下落时溅起的水花，画面更具动感

▲ 1秒的快门速度拍摄到的画面效果

高速快门拍摄水滴飞溅的瞬间

水滴下落时溅起的水花非常漂亮，但水滴下落的速度非常快，需要较高的快门速度，这也是非常考验一位摄影师合格的抓拍瞬间的功力。

如果拍摄时快门速度过慢很可能会使水呈线条状，抓拍不到水滴飞溅时的美丽瞬间。所以，需要将快门速度设置在 1/500s 以上，才能保证抓拍到这奇妙的瞬间。

拍摄水滴飞溅小技巧

- 使用高速快门的同时，为保证画面清晰，三脚架的辅助是必不可少的。
- 使用快门优先模式，可以更好的凝固水滴下落的瞬间。

焦距60mm / 光圈F22 / 快门速度1/200s / 感光度200

▶ 较高的快门速度将溅起的“皇冠”效果定格在画面

高速快门抓拍海浪的精彩瞬间

激烈的海浪拍打着岩石，绵延的海浪翻滚着，使人感觉十分壮观。

想要将这飞溅的浪花抓拍下来，就需要提高快门速度至 1/250s 以上，因为浪花拍打岩石的过程瞬息万变，只有较高的快门速度，才能更好地将浪花飞溅的瞬间凝固在画面中。

除此之外，建议使用高速连拍功能，可以更准确的捕捉到海水拍击到岩石上时激起的浪花。为了保证相机稳定，还可以使用三脚架固定机位，以保证清晰地画面。

焦距185mm / 光圈F18 / 快门速度1/640s / 感光度400

▲ 使用更高的快门速度可以抓拍到海浪拍打岩石时的精彩瞬间

降低曝光补偿避免曝光过度

只要找到合适的地点及使用长时间曝光，便能拍摄出漂亮的丝绸般水流的效果。

但需要注意的是，水流在低速快门下呈现白色会显得比较柔美，由于画面中往往还有其他元素，如果画面曝光过长，便会使画面曝光过度，影响画面效果，使照片发灰，缺少细节，没有层次感。

所以我们可以通过降低曝光补偿的方法来使曝光恢复正常，避免曝光过度的情况发生。此外，适当的降低曝光补偿还可制造出水流神秘的气氛，使画面更加梦幻。

焦距20mm / 光圈F8 / 快门速度1.3s / 感光度50

▶ 在长时间曝光下拍摄，很容易使拍摄的溪流曝光过度，通过降低0.5挡的曝光补偿，从而使画面中水流得到正确曝光

降低曝光补偿拍摄神秘的水面光影

在清晨第一缕阳光出现之前，神秘的光影笼罩着整个水面，大部分色调都沉浸在黑色和深灰色里，当第一缕阳光穿透地平线，将沉闷的画面打破，整个画面便显得格外有生气，同时更加渲染了画面浓浓的神秘气氛。

拍摄水面神秘的光影时，大多以低调形式表现，因此，为了更好的提升画面浓重的味道，需要在正常曝光的基础上适当减少0.3~1.5 挡，这样可以使画面更好地营造出庄严、凝重、静穆的气氛。

焦距70mm / 光圈F6.3 / 快门速度1/1000s / 感光度200

▲ 光线照亮的亮调区域，在大面积暗色的衬托下，显得格外明显，整个画面富有生气

使用白平衡表现丰富的画面色彩

自然界的光线变化多端、丰富多彩，没有哪位摄影师不喜欢拍摄的。但是，想要更好地表现这种千变万化的光线，就需要特别注意白平衡的设置对画面造成的影响。

例如，在拍摄清晨或傍晚宁静的水面时，如果想要表现水面静逸的蓝色调，就需要将白平衡设置为“白炽灯”模式，使其过滤掉红色、黄色，便可以使天空和水面都呈现出纯净且自然的蓝色。

焦距18mm / 光圈F22 / 快门速度6s / 感光度200

▶ 使用白炽灯使画面呈现出漂亮的蓝色调

在拍摄水景时，我们可以选择不同的白平衡模式，来得到不同的画面色彩，使画面变得更加丰富。

当然，还有一种更好的方法就是将照片格式设置为RAW格式，因为RAW格式可以在后期更加方便自由地控制白平衡，使色彩表现更灵活、更丰富。

焦距12mm / 光圈F101 / 快门速度1/1s / 感光度100

▶使用RAW格式拍摄，可以为色温调整保留更大的操作空间

构图规则

曲线构图

这个世界上没有一条河流是笔直的，它们的流向通常都是不规则的，弯弯曲曲的。所以在拍摄江河时，则需要重点表现优美曲折的形态。

我们应尽可能的选择在高处拍摄，并选择河流的正中或对角线的角度，这样可以使画面获得更强的纵深感。利用江河蜿蜒的形态，可以很自然的形成曲线构图。

拍摄蜿蜒水流时注意

- 选择高处拍摄时，不应一味地选择更高的地方，应在登山的过程中多加留意，随着高度及山路方向的变化，都有可能出现理想的拍摄角度。
- 建议在晴天拍摄，因为晴天可以更好地表现画面的色彩层次。
- 拍摄时，为了得到清晰的画面，需要使用小光圈来保证画面的清晰度。

焦距50mm / 光圈F5.6 / 快门速度1/500s / 感光度200

▶ 优美的曲线构图忠实的记录下了蜿蜒的水流状态

斜线构图

斜线构图在画面中，总是能给人一种较强的延伸感，一种视觉上的张力，而斜线本身就显得极为不稳定，因此能够为画面营造出富有活力和节奏的动感，又由于透视的关系，画面不会显得过于死板。因此在拍摄水流时，使用斜线构图可以表现水流的延伸感及增强水流的动感。

▶ 斜线构图使溪流更有动感，增强了画面的空间感及延伸感

焦距32mm / 光圈F22 / 快门速度20s / 感光度50

对称构图

提到平静的水面，总是能联想到“水天一色”“天光水色”的场景，静静地湖面仿佛镜子一般，清澈的水面映衬着蓝蓝的天空，周围的景色投下一缕缕的倒影，多么令人心旷神怡啊！

而采用对称手法拍摄这种美景往往能塑造很强的形式美感，给人以稳重和沉静的感觉。但值得注意的是，绝对的对称可能会让画面感觉乏味，因此在拍摄时，应在对称环境中，加入适当的变化，以改变呆板的构图，增加画面的活力。

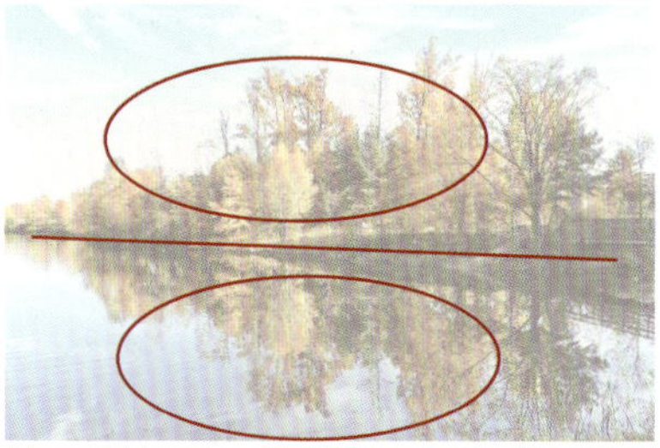

焦距24mm / 光圈F2.8 / 快门速度1/1000s / 感光度320

▶ 具有形式美感的对称构图使画面显得更加静逸

构图技巧

仰视拍摄

“飞流直下三千尺，疑是银河落九天”是古代著名的诗句，感叹的就是瀑布壮观的气势。如今，我们不仅可以凭着一首诗来想象瀑布的宏伟，还可以通过照片来使瀑布这种气势呈现在画面上，使观者一目了然。

拍摄时，采用仰视拍摄，呈垂直线状的瀑布可以使画面产生视觉延伸感，加强画面中垂直线条的力度感，从而使瀑布显得高大、威严，同时，高速快门及小光圈的配合使用可以使画面获得较大的景深范围，让瀑布和自然景色相得益彰。

仰视拍摄直冲而下的瀑布，加强了水流向下的冲势，并纳入水流飞溅入水时溅起的水花，加强了画面的动势，使画面仿佛能听到瀑布下落时万马奔腾般的声音，为画面营造了一种雷霆万钧的效果。

焦距15mm / 光圈F18 / 快门速度1/60s / 感光度100

▲ 飞流直下的瀑布与前景的椅子形成动静对比及体量对比，衬托了瀑布的高大的气势，表现了瀑布磅礴的气势

用光技巧

逆光

在逆光光线下，平静的水面借着微风泛起了层层美丽的波纹，点点的星光闪烁，让人感觉非常着迷。

而想要拍摄这水面上闪闪的金色星光，就需要在晴天条件下逆光拍摄，这是因为顺光不会有水面光波的感觉，拍摄时尽量选择低角度，可以将波光粼粼的层次感展现得更淋漓尽致。

焦距85mm / 光圈F20 / 快门速度1/500s / 感光度200

▶ 避免对高光部分测光，那样会使画面整体曝光不足，从而使水面发暗

拍摄波光粼粼的水面小技巧

- 将相机白平衡设置为阴天或阴影白平衡，可以更容易得到金色的水面效果。
- 把光圈尽量缩小，使水面反光进入镜头时衍射效果更明显，强化光点的星芒效果。
- 适当的增加曝光补偿，保证高光部分的曝光处于一种略微过曝的状态，得到更理想的曝光效果。

焦距30mm / 光圈F6.3 / 快门速度1/500s / 感光度200

▶ 通过缩小光圈使水面的反光进入镜头，从而强化了画面中光点的星芒效果

实拍案例

以低速快门拍摄絮状水流/瀑布的方法

拍摄溪流美如仙境的梦幻效果，最低也要使用 1 秒或者更长时间的快门速度拍摄。

以低速快门拍摄絮状水流/瀑布

1. 将相机安装在三脚架上，并确认相机稳定且处于水平状态。
2. 设置感光度数值为最低感光度 ISO100（少数中高端相机也支持 ISO50 的设置），以降低感光性能，以便于使用较低的快门速度。
3. 将测光模式设置为平均测光模式。
4. 设置拍摄模式为快门优先，并设置快门速度为 1s 或更长的时间。
5. 调整对象的构图，并激活相机（半按快门）以进行测光。如果相机显示曝光过度，则应减少曝光的时间，或者通过在镜头前加装偏振镜、中灰镜等方法降低进光量，进而保证按照指定的曝光时间不出现曝光过度的问题。
6. 半按快门对拍摄对象进行对焦。
7. 确定对焦成功后，按下快门即完成拍摄（为避免手按快门时产生震动，推荐使用快门线或遥控器来控制拍摄）。

焦距55mm / 光圈F22 / 快门速度8s / 感光度100

▲ 因较长时间的曝光，可以记录下多点叠加、纵横交织的水流的运动轨迹

水滴飞溅瞬间的拍摄方法

想要记录下水滴下落时激起的水花不但需要很高的快门速度，还需要一些技巧，可参考下面的拍摄实例。

焦距40mm / 光圈F16 / 快门速度1/200s / 感光度200 ▲只有经过不断尝试、不断试验，才能拍摄到满意的画面

拍摄水滴飞溅的瞬间

❶使用三脚架保持相机稳定。

❷布置好照明的灯光。如果是使用外置闪光灯，应事先进行曝光的测试，得到一组恰当的曝光参数组合。

❸选择快门优先模式或手动模式，并设置快门速度为 1/500s 以上的快门（需闪光灯开启高速同步功能），以保证清晰的捕捉到水滴滴落入水面的每一个瞬间。

❹为保证足够的景深，通常会将光圈设置在 F8 以上。建议此时试拍一张照片，直至得到满意的曝光结果为止。当然，根据不同的需要，也可以对曝光进行适当的调整、改变白平衡等设置。

❺设置相机的快门释放 / 驱动模式为高速连拍。

❻将感光度设置为 ISO100 ～ 200，以获得较高画质。

❼对水滴的位置进行简单照明，然后进行对焦。然后将对焦方式切换为手动对焦。即在镜头上将 AF 切换至 MF，以保持之前对焦的位置不变。

❽准备好激起水滴的道具，并在其接触水滴前即按住快门开始连拍，直至水滴完全消失为止（为避免手按快门时产生震动，推荐使用快门线或遥控器来控制拍摄）。

拍摄宁静的湖泊的方法

要拍摄出宁静的湖泊，不仅要注意景深、陪体、色彩，还需要在器材、光圈设置、测光、曝光补偿方面有所关注。

焦距35mm / 光圈F16 / 快门速度1/30s / 感光度200 ▲镜子一样的水面上，倒影为画面注入富有戏剧性的画面效果

拍摄宁静的湖泊

❶为过滤掉水面反射的杂光，建议在镜头前加装偏振镜，同时也可以让画面的色彩更浓郁。

❷选择光圈优先模式，并设置 F8~F16 的光圈值，以保证足够的景深。

❸设置感光度数值为 ISO100~200，以保证画面的质量。

❹适当降低 0.3~0.7 挡的曝光补偿，可以让画面的色彩及质感更好。

❺设置测光模式为矩阵 / 评价测光，对拍摄对象进行构图并激活相机（半按快门）进行测光。

❻半按快门对拍摄对象进行对焦。

❼保持半按快门状态移动相机进行重新构图，确认后按下快门即完成拍摄。

第 11 章 太阳

火红的太阳真是让摄影爱好者们又爱又恨，虽然就挂着天上，但每每拍出的照片和看到的景象差别很大，所以拍摄需要了解其特点才可以拍出好照片。本章就器材、曝光设置、构图技巧、用光、用色、实拍案例方面讲解了拍摄太阳时的技巧。

器材

对于拍摄太阳来说，其用到的器材并无太多特别之处，例如在日出前、日落后拍摄太阳辐射出的光线时，亮度较低，建议采用三脚架保持相机稳定，而在日出后、日落前，由于由于多数时候是直接与光线相对进行拍摄，因此遮光罩是必不可少的镜头附件，以避免画面中出现光晕。

在镜头的选用方面，一支广角到中焦的变焦镜头可以满足大部分的拍摄需求，如果是要拍摄光照环境下的局部小景，就要根据实际情况使用中长焦镜头了。

另外，如果有条件，不妨尝试一下使用鱼眼镜头或超广角镜头进行拍摄，那种画面的变形或张力，绝非其他镜头能够拍摄得出来的。

▶ 使用鱼眼镜头拍摄得到夸张的变形画面，给人的视觉感受更为特别

焦距14mm / 光圈F20 / 快门速度1/1000s / 感光度500

曝光设置

测光

太阳未出现在画面中时，可以采用评价 / 矩阵测光模式。而如果画面中包括太阳，那么测光结果就会出现严重的曝光不足，此时可以使用点测光模式，在附近进行测光并锁定曝光，然后再重新构图并拍摄即可。

▲ 测光位置示意

▶ 使用点测光在太阳周围测光后并拍摄的结果。此时不会出现明显的曝光不足问题

焦距18mm / 光圈F16 / 快门速度1/640s / 感光度400

对焦

在对焦位置过亮或过暗的情况下，都可能会出现对焦困难的问题。此时将对焦点移至明暗交接的位置，并按快门进行对焦。尽可能使用中央对焦点进行对焦，其对焦能力更强。

▲ 对明暗交接的位置进行对焦

焦距85mm / 光圈F9 / 快门速度1/800s / 感光度100

▲ 准确对焦后拍摄得到的画面

构图

对称

对称构图在拍摄太阳时，属于比较有创意的一类应用，比较典型的运用就是在有水面反光的环境下，将太阳及其水面反光置于画面中间位置，形成左右的分割对称，从而增加画面的形式美感。

焦距78mm / 光圈F5.6 / 快门速度1/800s / 感光度100

▶ 对太阳及其在水面上长长的反光，成就了对称式的唯美画面

三分

在拍摄太阳时，最常见的就是在晨夕时分，此时太阳与地平线很接近，因此在构图时，不妨就以地平线作为三分构图的三分线之一，对画面进行布局，以获得协调、自然的画面。

焦距17mm / 光圈F18 / 快门速度1/s / 感光度100

▲ 将地平线置于三分线的位置，使画面协调、自然

中心

中心构图适用于在周围的环境较暗、太阳较亮时使用，此时，太阳与周围的环境形成强烈的明暗对比，因此，无论太阳本身占据画面面积是多又或是少，都可以让其在视觉上显得非常突出。

焦距24mm / 光圈F18.2 / 快门速度1/20s / 感光度50　▲ 太阳居中助发射出强烈的光线，视觉冲击力很强

▶ 简洁的太阳居于中心，画面明暗对比非常强烈，但又不会显得繁乱

焦距400mm / 光圈F18 / 快门速度1/1250s / 感光度200

构图技巧

拍摄大太阳

在相同位置上，使用长焦镜头可以拍摄拍摄到更大的太阳，尤其在远处存在一些景物可以与之对比时，大太阳的感觉会更加强烈。

▶ 长焦拍摄的太阳在画面的中心位置、非常耀眼、夺目

焦距340mm / 光圈F14 / 快门速度1/500s / 感光度200

使用长焦镜头拍摄太阳的注意事项

镜头本身就可以起到凸透镜的汇聚光线作用，越是长焦镜头，这种作用越明显，因此在拍摄太阳时，如果光线非常强烈，则不建议这样取景拍摄大太阳，以免发生光线汇聚到感光元件上，将之损坏甚至烧毁。

另外，我们也可以以太阳为背景，以背景中的某个景物作为对焦对象，然后使用大光圈进行拍摄，即将背景中的太阳虚化，从而拍摄到大太阳的效果。光圈越大则虚化效果越强，太阳也就越大。当然，使用长焦镜头也可以起到虚化的作用。

▶ 使用200mm的焦距及F4的光圈，对前景中的小景进行对焦，背景中的太阳被虚化得更大

焦距200mm / 光圈F4 / 快门速度1/640s / 感光度200

增加纵深感

为了增加画面的纵深感，最简单的方法就是采用竖画幅的构图形式，将采用稍低一些的视角，从而增让前景与背景之间的空间跨度更大，进而增强画面的纵深感。

另外，最通用的方法当然就是在前景中安排一些元素。此时，一下子就可以在视觉感受上，更加拉大了其之间的视觉空间距离，使得画面空间得到无限推伸。

拍摄时，摄影师借助这一技巧，为较为明亮的日落背景，寻找拍摄一个对比强烈的深暗前景，继而拉开其前后视觉空间距离，得到较好的深远画面空间效果。

焦距35mm / 光圈F9.1 / 快门速度1/630s / 感光度100

▶ 采用竖画幅显示出近处的礁石与远处的天空，从而增加画面的纵深感

焦距10mm / 光圈F4 / 快门速度1/200s / 感光度800

▶ 前景中的冲浪者、天空中低低的云彩，以及云彩本身充满张力的放射状形态，都强化了画面的空间感

丰富画面

为了避免画面的单调，除了云彩以外，我们可以寻找更多位于地面上的元素，使画面变得更有空间感及层次，同时也可以渲染画面的意境，进而增加画面的感染力，但同时要注意，前景应该以简洁、衬托主体为目的而出现，一定不要让前景过于杂乱，进而影响画面整体的效果。

▶ 天空的云彩、水面的岩石丰富了画面的元素，并和画面的意境很相符

焦距17mm / 光圈F9 / 快门速度1/20s / 感光度100

用光

眩光

在大多数情况下，我们都不希望画面中出现眩光，但不妨尝试用眩光为画面增加一下气氛，在拍摄时，将镜头直接对着光源进行拍摄，不同于其他的是，在这里要将镜头前的遮光罩取下后再拍摄。

另外，光圈的设置在拍摄眩光时没有严格要求，可尝试使用不同的光圈值，得到不同的眩光效果。为了更好的表现光影的效果，在平均测光的基础之上降低 0.3~1EV 的曝光补偿。

拍摄注意

前面已经提到过强光对于相机可能造成感光元件等内部组件的损坏，在拍摄上午、下午甚至中午的太阳时，其光线更为强烈，因此也更需要注意这个问题。建议先在没有太阳的情况下进行对焦及基本的构图，待确定拍摄后，再迅速移至适当的构图画面、按下快门拍摄，以尽可能减少通过镜头射入相机的光线。

▶ 使用小光圈逆光拍摄，不但得到了不错的眩光效果，太阳表现出强烈的光线质感

焦距24mm / 光圈F13 / 快门速度1/250s / 感光度100

太阳光线

当光线透过较厚的云层、树木的缝隙时，会形成非常漂亮的光线效果，此时，我们可以设置较小的光圈，来捕捉这种光线效果。

另外，适当的降低一些曝光补偿，也可以强化光线的线条感，可以根据实际需要进行适当的设置。

拍摄光线时小光圈的运用

抓住强化光线这一点，在相机设置上首先要选择较小光圈的使用，以便强化出光线的轨迹，与此同时，较小光圈的设置还可以强化这种光线的质感。通常会使用F11~F22的小光圈。但要注意的是，通常在F16或更小的光圈时，镜头都会有不同程度的画质下降，应该在画质与光线质感之间做一个平衡性的选择。

焦距90mm / 光圈F11 / 快门速度1/125s / 感光度100

▶ 从天空中透射出来的光线，颇有一种神圣感

焦距85mm / 光圈F11 / 快门速度1/400s / 感光度400

▲ 太阳光很强烈时，光线的放射感也变得更强

夕阳剪影

夕阳剪影是在最常见的一种拍摄题材和表现形式，它强化了主体的形状和外轮廓，淡化了其细节特征。

在实际拍摄时，如果前景轮廓线过于单调，可将精彩点转移到背景的选择上，例如可以加入繁复璀璨的天边彩霞。如果当天空背景无较大变化时，这时则需要前景具有丰富变化的形体或造型有意思的外轮廓线来弥补。

剪影的详细拍摄方法

关于剪影的详细拍摄方法，请参见本章末尾的实拍案例。

▶ 背景中的背景与右下方的主体前景之间，留有一定的空间，既不会显得单调，也不会过于繁乱

焦距70mm / 光圈F7.1 / 快门速度1/800s / 感光度100

水面反光

当太阳光直射在水面上时，光线越强烈，水面上产生的反光也越强烈，尤其是海面这种随时都在表面涌动着层层波纹的水面，光线照射上去时，会产生非常漂亮的粼粼波光效果，这也是摄影师们最为喜爱表现的题材之一。

分析水面反光

- 对水面上的反光进行测光时，容易使测光系统以为水面比实际的还要亮，可能会出现曝光略显不足的问题，此时可以适当增加一些曝光补偿。
- 如果觉得波光太过杂乱，可以使用偏振镜过滤掉其中一部分细小的杂光。

▶ 波光粼粼的水面，场面异常华丽耀眼

焦距80mm / 光圈F10 / 快门速度1/1000s / 感光度500

用色

冷暖对比

在日出与日落时，靠近太阳的位置与远离太阳的位置，二者的色温相差非常大，此时，使用“白炽灯”白平衡，可以让天空的色温变高（色调偏冷），而原本的红色仍然可以保留原色，从而形成鲜明的冷暖对比。

▶ 天空与靠近太阳的区域，形成非常鲜明的冷暖对比，再加上长时间曝光使云彩具有一定的动感，画面整体的视觉冲击力很强

焦距24mm / 光圈F14 / 快门速度4s / 感光度50

▼ 以地面上的寒冰作为冷调的代表，以水面上反射的夕阳光线作为暖调的代表，二者产生非常强烈的对比

焦距154mm / 光圈F22 / 快门速度1/2s / 感光度100

暖色画面

金色夕阳效果一直是众多摄影爱好者，乃至专业摄影师所乐于表现的众多题材之一，要表现画面的暖色调效果，最好能够在色温较低的夕阳时分进行拍摄，并将相机的白平衡设置成为“阴天”或“阴影”白平衡，可以让画面显得更暖，即拍摄出金色夕阳的色调效果。

拍摄技巧

- 环境越通透，光照越强烈，则拍摄得到的暖调效果就越强烈。反之，如果环境中有很多尘埃，导致通透度不高，那么建议还是以前面讲解的冷暖对比的方法来表现画面，此时会比线表单纯的冷调，更具有视觉冲击力。

焦距70mm / 光圈F9 / 快门速度1/400s / 感光度100

▶ 通透的环境下，暖调的画面感觉也就越纯净

蓝紫色画面

在夕阳时，色温较低，画面呈现暖色调，此时使用“荧光灯”白平衡，可以拍摄出呈现蓝紫色调的画面效果。此时，色温越低的区域，紫色调就越明显，而色温越高的区域，则呈现原本的蓝色。

焦距24mm / 光圈F9 / 快门速度1/5s / 感光度100

▲ 蓝紫色的画面显得非常唯美、神秘

实拍案例

太阳的基本拍摄步骤

对于新手而言，要拍好太阳并不容易，得到的画面不是过曝而白茫茫一片，就是欠曝黑成一片。如果按照以下方式拍摄，则成功率能提高不少。

太阳的拍摄方法

❶将相机安装在三脚架上。

❷在镜头前安装遮光罩以避免产生眩光。

❸设置测光模式为点测光。激活相机（半按快门）对太阳进行测光。

❹如果要拍摄亮白的太阳，可以对太阳的周围进行测光，并适当增加曝光补偿。

❺如果要拍摄昏黄的太阳，可以对太阳与周围的交界处进行测光，并适当降低曝光补偿。

❻测光完毕后，应锁定当前的曝光（佳能相机可按下 * 按钮，尼康相机可按下 AE-E/AE-L 按钮）。

❼半按快门对拍摄对象进行对焦。

❽对焦成功后，保持半按快门状态并移动相机重新构图，然后按下快门即完成拍摄。

焦距11mm / 光圈F4 / 快门速度1/200s / 感光度100

▲ 典型的夕阳摄影作品

捕捉画面中的光线

使用小光圈捕捉画面中的光线，是在云彩挡住太阳时最值得表现的题材之一，除了光线的质感外，云彩边缘产生的亮边效果，也是非常漂亮的。

捕捉画面中的光线的拍摄方法

❶选择光圈优先模式，并设置适当的光圈数值，建议在 F11 以上，以拍摄得到较好的光线质感。

❷设置感光度为 ISO100~200，以保证较高画质。但如果光线不充足，快门速度过低，则应适当提高感光度或光圈。

❸为了得到更好的层次和质感，可适当降低 0.3~0.7 挡的曝光补偿。

❹选择矩阵 / 评价测光模式。

❺对画面进行构图并半按快门进行对焦。

❻保持半按快门状态可移至相机调整构图。

❼确定最终的画面后，按下快门即完成拍摄。

焦距60mm / 光圈F20 / 快门速度1/500s / 感光度320

▲ 透过云彩喷射而出的光线

逆光剪影的拍摄方法

拍摄逆光剪影时，要特别注意对焦的方法，以及画面的曝光，尤其是剪影部分的暗调要纯粹、干净，这样画面整体才会显得简洁、富于形体感。

焦距210mm / 光圈F8 / 快门速度1/2000s / 感光度100

▲ 典型的逆光剪影作品

逆光剪影的拍摄方法

❶建议使用三脚架进行拍摄，以保持相机稳定。

❷设置拍摄模式为光圈优先，并根据需要设置光圈值，如需大景深则设置较小的光圈值，反之则设置较大的光圈值。

❸在光线充足的情况下，可将感光度设置为 ISO100，以保证较高画质。

❹将测光模式设置成为矩阵 / 评价测光，并对画面中较亮的位置区域进行测光（半按快门激活相机即可）。

❺按下曝光锁定按钮，锁定上一步的测光结果。

❻半按快门对拍摄主体进行对焦。如果较难于对焦，可将对焦点设置为单点对焦，然后在拍摄对象与逆光相交的位置进行对焦，此时有非常高的成功对焦几率，但要注意的是，对焦成功后要确认焦点是位于要拍摄的对象上，而不是背景。

❼保持半按快门状态并移动相机重新进行构图，再按下快门即完成拍摄。

第 12 章 建筑夜景

建筑摄影对光线和镜头的要求较高，在拍摄前还要多观察其周围的环境以免破坏画面效果。夜景看似很难，只要掌握一些小技巧也可以很轻松的拍摄出好照片来。本章就器材准备、曝光设置、构图技巧、用光技巧、实拍案例等方面讲解了建筑与夜景的拍摄技巧。

器材准备

广角镜头

广角镜头的镜头视角大，视野宽阔，从某一视点观察到的景物范围要比人眼观察到的景物范围大得多，所以广角镜头比较适合表现建筑题材。

而且使用广角镜头能够强调画面的透视效果，可以有效地夸张前景以及表现景物的远近感，用以增加画面的感染力。

焦距18mm / 光圈F16 / 快门速度1/200s / 感光度100

▲ 使用广角镜头可以将天坛的全貌更多的展示在画面中

中长焦镜头

很多建筑的细节都是非常有特点的，只是大多建筑都是“高不可攀”的，想要表现他们只有普通镜头是不够的，因此一支成像效果不错的中长焦镜头便是不错的选择，它可以帮助摄影师在远距离将建筑物拉近，为我们充当“望远镜”，使我们看到更高更远的画面，从而更清楚地展现建筑物的局部特点。

焦距135mm / 光圈F7.1 / 快门速度1/320s / 感光度100

▶ 使用超长焦镜头拉近高处或远处的建筑，使其精彩细节呈现在画面上

曝光设置

快门优先模式

在对于不同的状态、不同光线下的拍摄对象时，选择不同的快门速度所获取的效果也不同。尤其是对于拍摄夜晚景色时，不同的快门速度还可以产生特殊的画面效果，而且直接影响画面的亮度。

例如，2~5s 的时间可以拍摄烟花，而再长一些 10~20s 甚至更长时间可以拍出效果不错的车流光轨，30s 以上才可以拍出星轨效果。

焦距24mm / 光圈F18 / 快门速度24s / 感光度800

▶ 长达24s的慢门记录下了漂亮的车流光轨画面

光圈优先模式

在拍摄夜景时，使用小光圈可以控制画面使其获得较大的景深外，还可以获得漂亮的星芒效果。如果你遇到迷人的夜景，却苦于身边没有三脚架时，可以试着使用光圈优先模式，并将光圈调到尽量大，因为较大的光圈可以帮助相机增加进光量，以此来提升快门速度。

焦距10mm / 光圈F10 / 快门速度1/25s / 感光度200

▶ 使用小光圈拍摄获得了大景深的画面效果，表现了灯火辉煌的城市夜晚

B门模式

B 门模式是拍摄夜景时最常用的一种模式之一。B 门模式不但可以拍摄流光飞舞的车辆光轨、闪烁的点点星光等，还可以拍摄极具创意的光绘，画面效果非常独特，方法也很特别。

光绘是一种效果非常神奇的拍摄技法，是夜间摄影中真正有创意的挑战。光绘效果的实现往往需要 1~8s 甚至更长的曝光时间，所以需要使用 B 门进行曝光。在光线较暗的环境中，很可能无法对主体自动对焦。此时可以先用手电筒或者打火机照亮主体，对焦完成后，切换到手动对焦模式锁定对焦，就可以完成拍摄了。其次就是为了长时间曝光而不会曝光过度，建议使用小光圈进行拍摄。

焦距50mm / 光圈F14 / 快门速度3s / 感光度100

▲ 有图案、有意义的光绘更加吸引观者的注意力

拍摄创意光绘效果注意事项

- 创意光辉应注意光线的走向及图案形状，越新奇的图案效果越好。
- 拍摄前的准备工作非常重要，首先要准备电力充足的电池。
- 因为是弱光拍摄，需要较长的曝光时间，还需要携带三脚架、快门线。

▲ 黑色背景的衬托，更有利于对光绘的突出表现

长时间曝光噪点消减

长时间拍摄夜景会使画面中产生很多杂色和噪点，影响画面质量。为获得高质量的画面效果，应启用长时间曝光噪点消减功能，可以在很大程度上降低画面中的噪点。另外，采用较低的感光度（常用的是ISO100~200之间），也可以尽量减少画面产生的噪点。当然，如果会一些后期处理技术，也可以在拍摄完成后自行降低噪点。

焦距15mm / 光圈F8 / 快门速度6s / 感光度100

▲ 开启长时间曝光噪点消减杂色和噪点很少

▲ 未开启时间曝光噪点消减画面明显有很多杂色和噪点

构图规则

对称构图

对称构图的特点就是可以给人平衡、稳定与唯美的视觉感受。所以对称构图是最受大众欢迎的一种形式美准则，中外各类建筑中均有大量的使用。但是，应注意避免呆板的构图，拍摄时应注意元素的搭配。当然，稍显呆板的对称构图一般较适合表现一些较为庄重的建筑物。

▶ 采用对称式拍摄建筑顶部，给人一种平稳的感觉

焦距12mm / 光圈F11 / 快门速度1/1s / 感光度200

垂直构图

建筑大部分都属是于垂直结构的，如各种楼房、大厦等，因此，采用竖画幅的垂直构图，可以更好地表现建筑物高耸的感受。另外，如果是垂直状的建筑群，也可以采用垂直构图，在表现建筑高度的同时，视野也更为宽阔。

▶ 利用柱子本身的垂直结构使画面更有形式美感

焦距70mm / 光圈F16 / 快门速度1/50s / 感光度100

框式构图

在拍摄建筑时经常使用框式构图，利用框式构图可以更好地突出画面的重点，例如中式建筑中存在大量的拱门，造型也非常美观，以这些拱门为框进行拍摄，就可以得到很好的框式构图照片。不仅如此，框式构图比较灵活，可以使画面变得更为生动、丰富。还可以根据摄影师的想象力创造出来自行组织元素形成框式构图。

▶ 以门框作为框式构图进行拍摄，更加突出建筑的线条美

焦距70mm / 光圈F8 / 快门速度1/250s / 感光度400

折线构图

随着科技的发展，建筑的结构越来越丰富，风格也越来越多变。因此，对于一些包含有曲线的建筑而言，以折线构图拍摄这些有特点的建筑，可以很好地体现出其建筑独有的魅力，还可以使画面充满艺术的气息。

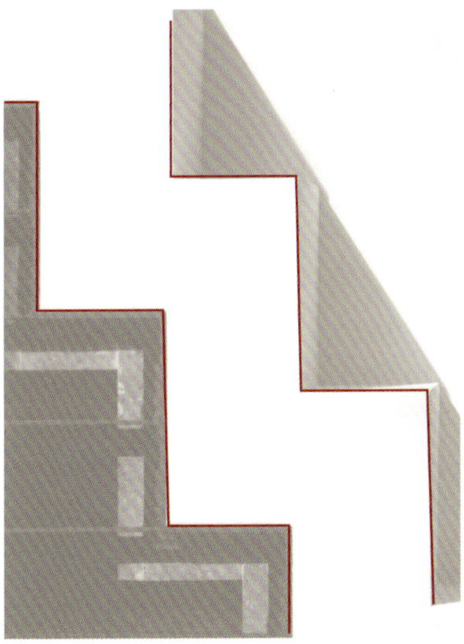

▶ 楼梯的折线效果使画面更富有动感，黑白颜色对比使画面更有艺术气息

焦距70mm / 光圈F8 / 快门速度1/200s / 感光度100

构图技巧

横画幅

横画幅可以容纳更多的建筑元素，使观者可以欣赏到的画面更加丰富，因其大的涵盖量使画面显得更加稳定、和谐。所以，更多摄影师都愿意选择横画幅来拍摄建筑、风景这类需要表现宽阔、明快的题材。其次，横画幅的运用还可以使画面看起来更大气，更有气势。

拍摄横画幅注意事项

- 选择光圈优先模式，设置较小的光圈，得到足够大的景深，从而使画面中远景、近景的景物都清晰。
- 感光度尽量设置在 100~200，以保证画面质量。
- 使用三脚架保持画面稳定。

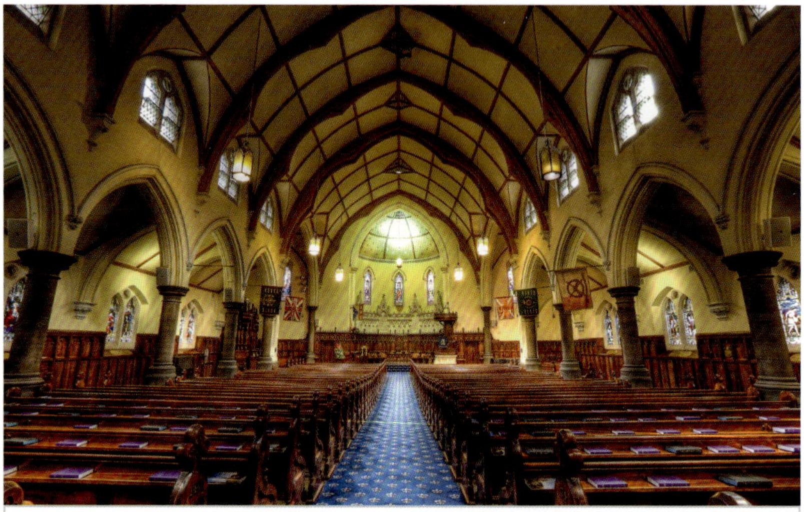

焦距16mm / 光圈F11 / 快门速度5s / 感光度100

▶ 横画幅容纳了更多的建筑元素，使画面感觉更加宽阔

竖画幅

为了比对横画幅与竖画幅有什么不同，我们选择了同一个建筑进行拍摄，以此来看横画幅与竖画幅的差别。

横画幅给人的是宽阔感，而从画面中可以看出竖画幅给人的感觉是非常强烈的纵深感，这是因为在拍摄室内建筑时有很多局限性。不过如果是拍摄室外建筑，比如高楼、铁塔时，竖画幅却可以增加建筑在画面中的高耸的感觉。

因此，在选择画幅时，应该根据题材来选择应该是横画幅还是竖画幅。

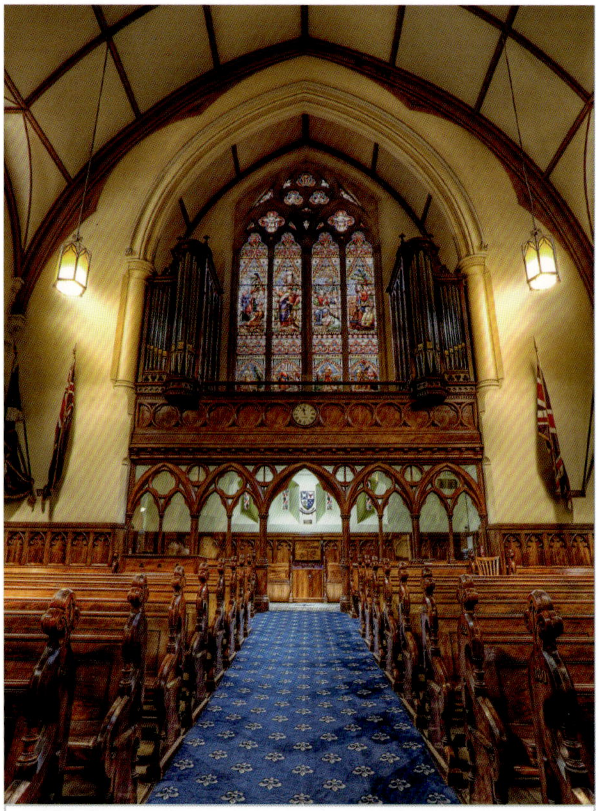

焦距20mm / 光圈F8 / 快门速度2s / 感光度100

▶竖画幅给人感觉很有向上的空间感，更有利于表现建筑的纵深感

仰视

现代的建筑越来越宏伟、高大，采用垂直仰视的角度，拍摄建筑直插入云霄的画面，可以使观者有不一样的视觉效果。

在拍摄时，首先要尽可能的降低机位，甚至可以躺在地上进行拍摄，这样就可以在画面中形成因仰视拍摄而得到的带有强烈透视感及被夸张放大的建筑。

仰视构图时注意事项

- 选择光圈优先模式，设置较小的光圈，得到足够大的景深，从而使画面中远景、近景的景物都清晰。
- 建议再拍摄时，多变换角度，以得到更加完美的画面效果。
- 使用三脚架保持画面稳定，确保清晰画面。

▶ 采用仰视的方式拍摄埃菲尔铁塔，使画面极具视觉冲击力，同时也表现了铁塔的独特魅力

焦距8mm / 光圈F20 / 快门速度1/320s / 感光度100

俯视

想要了解这个城市的建筑规划或者想要拍摄建筑群全貌时，可以选择一个制高点，站在高处以俯视角度鸟瞰整个城市，将所有美景尽收眼底，大有“一览众山小”的视觉效果。

建议选用横画幅拍摄，同时使用广角镜头，因为横画幅和广角镜头都可以容纳更多的画面，表现更多的内容，配合俯视拍摄效果更加明显。

俯视构图时注意事项

- 选择光圈优先模式，设置较小的光圈，得到足够大的景深，从而使画面中远景、近景的景物都清晰。
- 感光度尽量设置在ISO100~200，以保证画面质量。
- 使用三脚架保持画面稳定，确保清晰画面。

▶ 鸟瞰世博的中国馆，将林立的高楼大厦也尽收眼底，形成非常宽阔的视野

焦距15mm / 光圈F16 / 快门速度1/200s / 感光度100

用光技巧

侧光

对于棱角分明的建筑而言，侧光可以突出其立体感，使画面更加饱满，有层次。这是由于侧光能够使拍摄对象明暗对比更加强烈，层次也可以更丰富。因此能够很好地表现建筑物的立体感，也可以使建筑物产生丰富的影调层次。这也是很多摄影师选择侧光拍摄建筑的主要原因。

焦距85mm / 光圈F16 / 快门速度1/250s / 感光度200

◀ 侧光拍摄非常有特色的建筑，使其立体感更加强烈，在阳光的照耀下显得独具韵味

侧光拍摄时注意

- 选择光圈优先模式，设置较小的光圈，得到足够大的景深，从而使画面中远景、近景的景物都清晰。
- 感光度尽量设置在ISO100~200，以保证画面质量。
- 使用三脚架保持画面稳定，确保清晰画面。

▲ 暖暖的侧光将建筑大半部分处于阴影里，更加凸显建筑的空间感、立体感

硬光

使用硬光拍摄建筑物时，可以很清楚地表现建筑的层次感，使建筑看起来更加明朗、坚实。这是因为在硬光照射下，物体上会有很明显的明暗效果，画面反差较大，阴影较重。

但是值得注意的是，硬光拍摄可能会造成眩光或者反光，影响画面效果，建议使用偏振镜消除反光，获得满意的画面。

硬光拍摄时注意

- 选择光圈优先模式，设置较小的光圈，得到足够大的景深，从而使画面中远景、近景的景物都清晰。
- 感光度尽量设置在ISO100~200，以保证画面质量。
- 为了得到更好的层次和质感，可适当的降低0.3~0.7挡的曝光补偿。

焦距20mm / 光圈F8 / 快门速度1/500s / 感光度100

▶ 硬光非常适合拍摄金属的建筑，可以将其金属质感体现得淋漓尽致

软光

软光最大的优点就是光质柔和，拍摄的画面层次比较丰富、细腻，适合表现建筑的肌理。但是其缺点就是使用软光拍摄的画面没有明显的受光面、背光面和投影关系，在视觉上明暗反差小，影调平和，色彩的饱和度较低。

▲ 鲜艳、优美的线条在柔光下显得更加美丽

▲ 柔光可以展现更多的层次、质感，使人看起来很舒服

夜景灯光

闪烁的霓虹灯迎来了城市的夜晚并为其增添了很多光彩。灯光不仅点缀着建筑物，还勾勒出建筑的轮廓，更显一种夜晚的热闹与繁华。

所以选用灯光点缀这个城市的繁华与喧嚣是再合适不过了。拍摄时，要选择合适的角度，可以把城市大部分景色尽收眼底的位置，并利用三脚架固定相机，建议选择天色没有完全黑的时候，可以拍摄到天还是蓝色而城市却是一片灯火通明的景色。

焦距15mm / 光圈F16 / 快门速度26s / 感光度100

▲ 天色将暗，使用长时间的曝光川流不息的城市，天空和灯光效果都非常突出，夜晚的繁华与热闹全都展现在画面中

车流光轨

在繁华都市的夜幕中，以慢速快门展现车流划出的一道道光轨。

在拍摄时，为了保证光线可以被拉成直直的线条，建议使用三脚架，保持曝光时间内，相机的绝对稳定。拍摄时长时间的按住快门会非常不方便，更会由于按动快门和释放快门时，手的动作会让相机产生晃动，影响拍摄效果，因此需要使用快门线的帮助。

焦距50mm / 光圈F16 / 快门速度16s / 感光度200

▶ 借助三脚架的稳定支撑及快门线的使用使车流经过时留下的拖尾变得清晰

实拍案例

拍摄放射状光线效果的方法

拍摄美丽的夜景时，尝试转动镜头的变焦环，可以拍摄出好似绽放花朵般的放射状效果。在拍摄时，要快速、稳定的变焦，才能得到理想的感觉，稍微的晃动都有可能导致对焦点脱焦。

焦距45mm / 光圈F13 / 快门速度20s / 感光度100

▲ 较长时间的快门速度及稳定地变焦，使拍摄到的放射效果更加明显

拍摄放射状光线效果的方法

❶应选择一支变焦镜头，其焦距变化倍率越高，则可拍摄到的放射效果就越强。

❷将相机安装在三脚架上进行拍摄，以保证相机的稳定。

❸选择快门优先模式，并设置快门速度值为 1~3s。

❹设置感光度为 ISO100~200，以保证画面质量。

❺设置测光模式为矩阵 / 评价测光。

❻半按快门对拍摄对象进行对焦。

❼ 按下快门开始拍摄，并同时拧动相机的变焦环（在拧动变焦环时，应尽量保持匀速，使变焦的结果更有韵律一些）。无论是从长焦端到广角端，还是相反的变化，都可以得到不同的放射状效果，可以尝试进行拍摄（为避免手按快门时产生震动，推荐使用快门线或遥控器来控制拍摄）。

烟花的拍摄方法

漂亮的烟花稍纵即逝，只有掌握了正确的拍摄烟花的方法，才能保证拍到曝光正确的画面。拍摄时，需把相机快门设置为 B 门模式，以便摄影师随意掌控曝光时间。

烟花的拍摄方法

❶将相机安装在三脚架上，并确认相机稳定且处于水平状态。

❷调整相机的焦距及脚架的高度等，对画面进行构图。

❸选择 B 门模式，并设置光圈数值为 F4~F8，以保证一定的景深，同时在较短的时间内，也基本能够获得较佳的曝光结果。

❹设置感光度数值为 ISO100~200，以保证成像质量。

❺在对焦时，可以先以一次礼花作为对焦的依据。即对其中一个礼花进行对焦，成功后，即可切换至手动对焦方式，从而保证后面每次的拍摄都是正确对焦的。

❻待烟花绽放的瞬间，即可按下快门进行拍摄。

❼待烟花完毕后，释放快门，即完成拍摄。

焦距50mm / 光圈F5 / 快门速度8s / 感光度200

▶ 较低的快门速度可以拍摄到烟花腾空的效果

唯美的焦外虚化的拍摄方法

拍摄唯美的焦外成像效果一直大光圈的定焦镜头是必不可少的，将光圈设置为最大的光圈值可以形成漂亮的虚化效果。

焦距40mm / 光圈F4.5 / 快门速度1/8s / 感光度800

▶ 使用大光圈可以把整个画面完全虚化，点点的灯光呈现出漂亮的圆形光斑效果

唯美的焦外虚化的拍摄方法

❶选择一支具有大光圈的定焦镜头，如各厂的 50mm F1.8 镜头就非常便宜，或者一支焦距在 100mm 以上的长焦镜头也勉强可以。

❷建议将相机安装在三脚架上进行拍摄，以保证相机的稳定。

❸选择光圈优先模式并设置最大的光圈值。

❹设置测光模式为矩阵 / 评价测光。

❺设置感光度为 ISO100~200，以保证画面质量。如果是手持拍摄，则应该适当提高感度数值，以保证快门速度处于安全快门之上，从而避免抖动而造成画面模糊。

❻将对焦模式设置为手动对焦模式，手动转动对焦环，让被摄体置于焦距之外，形成漂亮的虚化效果。

❼进行适当的构图后，按下快门即完成拍摄。

星星轨迹的拍摄方法

由于地球自转，所以对于位于北半球的我们看来，除了北极星之外，其他星星是会移动的，所以拍摄前，要先确定北极星的位置。若将镜头中心点对准北极星，拍出的星轨会变成一个同心圆，朝东或朝西方则会拍出斜线状的星轨，而向正南方则会拍到看不到圆心的弧线。由于地球每小时自转 15°，所以曝光时间不同，画面中星轨的长度也不一样。

▲ 不宜过长的曝光时间才可将银河清晰的记录下来

焦距17mm / 光圈F4.5 / 快门速度3041 / 感光度200

▲ 对准北极星的方向可以得到同心圆的星轨

但是拍摄星星时，为了拍到美丽的星空画面，快门时间不易太长，尽量控制在 60s 以内，否则星星移动太过明显的话，就无法拍摄到美丽的银河。

星轨的拍摄方法

❶将相机安装在三脚架上，并确认相机稳定且处于水平状态。

❷调整相机的焦距及脚架的高度等，对画面进行构图（如果画面中容纳了比星星还要亮的对象如月亮、地面的灯光等，长时间曝光之后，容易在这一部分严重曝光过度，影响画面整体的艺术性。所以要注意回避比此类的对象）。

❸选择 B 门模式，并设置光圈数值为 F4~F8，以保证一定的景深，同时在较短的时间内，也基本能够获得较佳的曝光结果。

❹设置感光度数值为 ISO200 左右，以保证成像质量。

❺在对焦时，星光比较微弱，因而可能很难对焦，此时建议使用手动对焦的方式，至于能否准确对焦，则需要反复拧动对焦环进行查看和验证了。如果只有细微误差，通过设置较小的光圈并使用广角端进行拍摄，可以在一定程度上回避这个问题。

❻如果一开始使用自动对焦模式，在对焦成功之后，可切换至手动对焦模式，以保证正式拍摄时，可以得到准确的对焦结果。

❼准备就绪后，按下快门即可开始曝光，待完成后，释放快门即可（为避免手按快门时产生震动，推荐使用快门线或遥控器来控制）。

月亮的拍摄方法

通常在拍摄月亮时，需要使用两次曝光，一次利用广角端拍摄整体场景，注意不要将月亮纳入画面中，以免月亮曝光过度；一次用长焦端拍摄拍摄月亮，拍摄时应适当地降低曝光补偿。拍摄完成后，或由相机自动合成，或后期处理合成。

焦距200mm / 光圈F5.6 / 快门速度1/60s / 感光度200

▲ 注意两次曝光的曝光量合起来不要使画面过曝

拍摄月亮的方法

❶将相机置于三脚架上以保持其稳定。

❷开启相机的二次曝光功能，并设置为两张照片。

❸第一次曝光时，我们先来拍摄广视野的场景。将拍摄模式设置为光圈优先，并设置光圈为 F8~F16，以保证足够的景深。

❹在条件允许的情况下，尽可能地降低 ISO 数值设置，以保证良好画质。

❺使用广角段焦距针对地面景物进行构图、测光、对焦拍摄，记录下地面景物。此时天空中应该不存在月亮。

❻完成第一次曝光后，调整焦距到长焦段或更换长焦镜头，然后拍摄更大的月亮，在拍摄时根据第一次曝光的画面留白来安排月亮位置，第二次拍摄完成后，相机会自动将两次曝光结果合成为一张照片完成拍摄。

第 13 章 云彩

变幻莫测的云彩也是摄影爱好者喜爱拍摄的题材之一，其不确定性也是拍摄时不易掌握的，可通过学习一些拍摄技巧来提高拍摄成功率。本章通过器材准备、曝光设置、构图技巧、用光技巧、实拍案例等方面讲解了拍摄云彩的技巧。

器材准备

利用广角镜头纳入更多景象

广角镜头视野宽广，可纳入较多的景物，很适合用来拍摄云彩（除了要部分要拍摄特写的情况外）。在焦距的选择上，一支焦距为 17 ～ 40mm（等效焦距在 25 ～ 60mm）变焦镜头，就基本可以满足我们的需要了。使用变焦镜头的好处就在于，可以随时进行更为灵活的构图。

▲ 佳能EF 16-35mm F2.8L II USM

▲ 广角镜头下的画面视野很开阔，将云彩的气势表现得很好

利用三脚架稳定相机

拍摄云彩时，为了保持画面的稳定，建议使用三脚架固定相机。注意，不要将云台拧得过紧，甚至可以略松一些，因此云彩的形态总是在不断变化的，这样可以保持云台随时可调整，便于我们快速地进行构图。

▲ 三脚架

▲ 在弱光环境下，利用三脚架确保画面的清晰度

利用偏振镜加强云彩立体感

偏振镜除了可以用来消除画面中的杂光，如果是拍摄云彩的话，还可以用来增加云彩的立体感，让画面中的景物色彩更加浓郁。

在使用时，应不断旋转偏振镜的角度，以调整过滤杂光的强度。

▲ 偏振镜

▲ 使用偏振镜后，画面中的云彩立体感很明显

利用渐变镜缩小画面明暗差距

由于数码单反相机的感光元件无法像人眼一样有那么大的宽容度，在明暗反差较大的环境中拍摄时，画面会损失亮部或暗部的细节，这时可利用渐变镜来平衡明暗差距。渐变镜的构造是一片由深色渐变成浅色，最后到透明的滤镜。其种类也很多，有渐变蓝色、渐变茶色、渐变日落色等，而在所有的渐变滤镜里最常用的应该是渐变灰镜了。使用时可把有色的一面转到光线较亮的一端，用来压暗亮度，缩小明暗差距。

▲ 灰色渐变镜

▲ 利用渐变镜压暗天空延长曝光时间

曝光设置

在弱光环境中拍摄时，由于光线不足，当相机的感光度设置较高时，画面容易产生噪点。为获得高质量的画面效果，应尽可能采用较低的感光度（常用的是 ISO100~200 之间），从而尽量减少画面产生的噪点。另外，启用长时间曝光噪点消减功能，也可以在很大程度上降低画面中的噪点。

焦距17mm / 光圈F8 / 快门速度1/125s / 感光度1600

▶ 利用长时间曝光降噪，使画面噪点减少

在拍摄天空时，由于天空亮度较高，为了保留云彩的细节，应适当地降低一些曝光补偿，这样可以使天空及云彩亮度降低，从而获得更佳的层次感。如果是在晴天环境下，可以使天空的颜色显得更加浓重。

减少曝光补偿还可以使天空更蓝

为表现好云彩的层减少曝光补偿是最好的方法，还可以使天空的蓝色更加浓郁。

焦距40mm / 光圈F10 / 快门速度1/500s / 感光度200

▶ 空中的云彩层次很细腻，天空的蓝色也很明显

构图规则

放射线云彩使画面看起来有张力

有时天空会出现放射线的云彩，可以利用这样形态的云彩组成放射线构图的画面，拍摄时，可以少量的地面景物作为画面的底部，以天空为画面的大面积，这样画面看起来比较有张力。

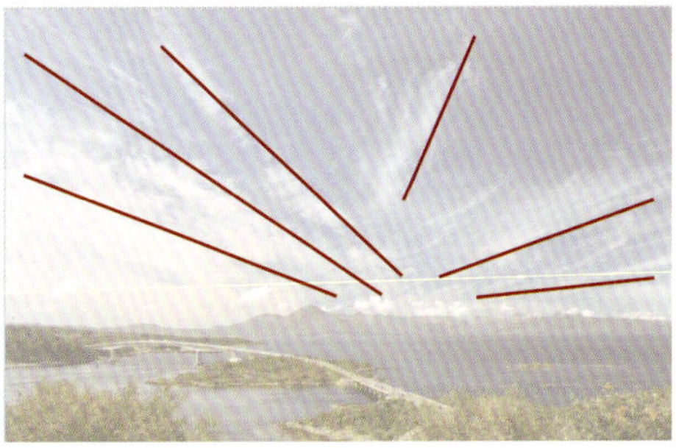

焦距18mm / 光圈F22 / 快门速度1/10s / 感光度100

▲ 放射线的云彩在画面中感觉很有张力，有种向外扩张的视觉感受

三分法来表现画面空间感

表现云彩时还可以利用三分法构图来突出画面的空间感，三分法构图很符合人的视觉习惯，画面自然、不呆板，很容易就达到一个视觉上的平衡。在拍摄云彩时，若将地面景物与天空的交界线置于画面底部的三分之一处，可加强画面的空间感。

三分法使画面视觉上舒服

不一样的水平线位置可表现不一样的画面效果，为了表现空间感，可将水平线放在画面上三分处。

▶ 将水平线放在画面的上三分处，既使画面很舒服，也使画面很有空间感

焦距24mm / 光圈F11 / 快门速度1/250s / 感光度200

构图技巧

高度仰视拍摄具有压迫感的云彩

利用仰视的角度拍摄高空的云彩时，厚重的云彩可使画面看起来比较有压迫感，拍摄时尽量选择小光圈获得较大的景深，另外对焦点应控制在景深范围中间略考前的位置，这样能够获得从前景到远景都清晰的画面。

焦距17mm / 光圈F14 / 快门速度1.3s / 感光度50

▲ 利用仰视的角度拍摄的后云层，感觉很有压迫感

▲ 地面景物的纳入加强了压迫的视觉感受

仰视拍摄也要纳入地面景色

如果不纳入地面景色无法对比出压迫的感觉。

横画幅突出云彩的壮阔

横画幅是在拍摄风景较为常见的一种画幅格式，可以给人非常稳定的视觉感受。利用横画幅可表现视野较宽广的场景，利用广角镜头很适合用来表现比较壮阔的云彩，构图时为了突出这样的感受，应加大云彩在画面中的面积。

焦距20mm / 光圈F11 / 快门速度1/500s / 感光度100

▲ 横画幅可以很好的表现出云彩的开阔感

焦距24mm / 光圈F13 / 快门速度1/250s / 感光度400

▶ 利用横画幅可以使云彩与海面很好的结合起来，画面有种很平稳的感觉

竖画幅表现渐变的云彩

利用竖画幅表现云彩时，如果不是为了表现画面空间感，应使云彩在画面中占据较大的面积，才可以很好的展示出由地面到高空天空颜色的渐变，使画面层次感丰富。

由地面厚重的暖色调渐渐到高空的浅浅的冷色调，这种渐变使画面不会显得很单调

焦距135mm / 光圈F8 / 快门速度1/125s / 感光度400

利用地面前景加强画面的空间感

表现云彩时也要注意表现画面的空间感，可以利用有纵深感的前景突出画面的空间感，除了需要使用广角镜头加强画面的空间感之外，缩小光圈以得到较大的景深也很重要。

▶ 利用前面木桥的透视效果延伸了画面的纵深感

注意画面的明暗差距

可利用灰色渐变镜压暗天空的亮度，缩小画面的明暗差距。

焦距24mm / 光圈F13 / 快门速度1/500s / 感光度100

用光技巧

用顺光拍摄蓝天白云

通常顺光处的天空是最蓝的，越接近地平线污染越严重，所以正常的平视角度拍摄的话，天空都是发灰，这就需要把机位降低，利用顺光的角度表现蓝天白云。

焦距24mm / 光圈F11 / 快门速度1/1000s / 感光度100

▲ 顺光的画面中没有阴影，画面很明亮、干净

亮边效果的云彩

亮边的云彩是指云层遮住太阳时的美景，这时太阳的光线会从云层的背后射出，形成放射线的光芒，增添照片的感染力，因为是以云彩为表现对象，可以缩小光圈加强光芒四射的感觉，并可以利用曝光不足增添画面的色彩饱和度。

▶ 利用暗背景衬托太阳放射的光线，使画面中的光线变得更加耀眼

焦距18mm / 光圈F9 / 快门速度1/100s / 感光度250

利用对比色突出云彩

日出、日落时分，如果天空中的云层较多，可以看到靠近夕阳区域的云彩拥有暖色调，而远离夕阳的区域则偏向冷色调。冷暖对比的色调看起来很突出。最常见的是在上方的天空为冷调、下方的夕阳为暖调。如果有合适的时机，也可以拍摄到左暖、右冷的色调效果。

▶ 蓝色的云彩衬托着淡红色的云彩，画面很突出，还增加了画面的空间感

焦距16mm / 光圈F16 / 快门速度1/8s / 感光度50

实拍案例

动感云彩的拍摄方法

云彩都是在缓慢移动的，只不过不同的情况下，移动速度不同，要根据云彩的移动情况而设定快门速度。使用低速快门时，在保证不会曝光过度的前提下，使用长时间的曝光，可以让云彩有种运动的画面效果。

如果画面中的光比较大，建议在快门优先模式下使用点测光模式进行测光，得到曝光组合后锁定曝光或切换至手动模式再进行拍摄。

焦距14mm / 光圈F9 / 快门速度162s / 感光度100

▶ 长时间的曝光得到云彩与水面都模糊的画面，看起来有种动感效果

焦距10mm / 光圈F22 / 快门速度89s / 感光度100

动感云彩的拍摄方法

❶建议将相机置于三脚架上以保持其稳定。

❷选择快门优先模式，并设置光圈为 F8~F16，以获得较大的景深。

❸设置感光度为 ISO100~200，以保证较高画质。

❹为了得到更好的层次和质感，可适当减少 0.3~0.7 挡的曝光补偿。

❺确定构图后，按下快门即完成拍摄。

云彩的拍摄方法

将云彩作为画面主体时，应尽量把地平线压低，使地面景物成为陪衬，或是完全去掉地面景物。

云彩的拍摄方法

❶设置拍摄模式为光圈优先，并设置光圈值为 F8~F16，以保证足够的景深。

❷在光线充足的情况下，可以将感光度设置成为 ISO100，以获得较高的画质。

❸设置测光模式为矩阵 / 评价测光。

❹为保证拍摄得到洁白的云彩，可适当增加 0.3~1.7 挡的曝光补偿。

❺激活相机（半按快门）对云彩进行测光。

❻半按快门对拍摄对象进行对焦。

❼对焦成功后，保持半按快门状态并移动相机重新构图，然后按下快门即完成拍摄。

焦距18mm / 光圈F8 / 快门速度1/400s / 感光度200

▶ 适当的减少曝光补偿，可使天空更加蔚蓝，云彩更加明显

亮边云彩的拍摄方法

当太阳与云彩重合时最容易拍摄到亮边的云彩，要选择天空够暗，云彩也较多的时刻，才有机会拍摄到这样的场景。拍摄时为了加强光线的效果，尽量缩小光圈。

焦距105mm / 光圈F8 / 快门速度1/1600s / 感光度200

▶ 缩小光圈后，得到光芒四射的画面，云彩的轮廓被勾勒得很好看

亮边云彩的拍摄方法

❶建议使用三脚架进行拍摄，以保持相机稳定。

❷设置拍摄模式为光圈优先，缩小光圈。

❸将测光模式设置成为矩阵 / 评价测光，并对画面中较亮的位置区域进行测光（半按快门激活相机即可）。

❹按下曝光锁定按钮，锁定上一步的测光结果。

❺半按快门对拍摄主体进行对焦。如果较难于对焦，可将对焦点设置为单点对焦，然后在拍摄对象与逆光相交的位置进行对焦，此时有非常高的成功对焦几率，但要注意的是，对焦成功后要确认焦点是位于要拍摄的对象上，而不是背景。

❻保持半按快门状态并移动相机重新进行构图，再按下快门即完成拍摄。

第 14 章 特殊气象

特殊天气的可拍性也很高，可以通过相机的设置，光线的选择、色彩的运用等方面营造特殊的画面效果。本章从雪景、雾景、闪电、实拍案例等方面讲解了特殊天气下的拍摄技巧。

雪景

用曝光补偿避免画面偏灰

拍摄雪景时，由于画面中的白色较多，大量的反射光会影响画面的测光，为避免拍摄出来的画面偏灰，所以要使用曝光补偿功能对曝光进行修正，以表现出雪景的洁白和层次，通常需要增加 1 ～ 2 挡的曝光补偿。

分析用曝光补偿避免画面偏灰

拍摄前，因为皮肤属于中间灰度，所以可以避开雪景对着皮肤进行测光，这样较易得到较合适的测光值；然后记录下得到的数值，切换到 M 挡进行拍摄。

焦距35mm / 光圈F11 / 快门速度1/500s / 感光度200

▶ 使用曝光补偿后，画面中的白雪既有层次也很洁白

侧逆光表现冰雪的透明感

想到冰雪，立刻就想到晶莹剔透的感觉，为了更好地表现透明的感觉，可选择侧逆光和逆光在较低的角度进行拍摄。除了精准控制曝光量、缩小光圈，还要注意光线和背景的选择。这样的光线下冰雪细微的明暗变化会被加强出来，增强立体感。背景则可以选择带有颜色或深色的背景环境。

透明感表现的注意

较大的反差可以很好地突出冰雪的透明感，所以拍摄时，可以适当的增加曝光补偿。

焦距200mm / 光圈F4 / 快门速度1/500s / 感光度100

▶ 逆光下冰雪呈现出好看的透明质感，深色的背景选择很重要

侧逆光表现冰雪质感

雪地并不是我们想象的平白一片，也是有着颗粒质感的，要突出表现雪景的层次感或雪的颗粒感，应该采用侧光或侧逆光拍摄，利用明暗的对比突出雪地质感，而采用顺光与顶光拍摄都不能够很好地表现白雪。

表现冰雪质感的注意

表现冰雪质感时最好选择晴天，并用前侧光、侧光、侧逆光表现雪山的明暗层次，使画面影调富于变化。需要注意的是，雪地在阳光下反光极强，亮度很高，最好使用偏振镜，过滤一部分雪的反射光，提高画面的色彩饱和度。

焦距17mm / 光圈F8 / 快门速度1/125s / 感光度100

▶ 侧逆光下雪的质感表现的很明显，使画面不会显得只是白茫茫的一片

低色温美化冰雪

通常表现雪景都使用冷色调，单调的蓝色画面未免显得单调，也可以变换一下创作角度，利用傍晚的低色温为画面增添一丝色彩感，利用暖色的光线照在冷调的雪地上，得到受光的一面呈现淡淡的暖调，背光面则呈现出淡淡的冷调的画面，暖暖的色彩为画面增添了生动的感觉，使画面变得多彩了起来。

拍摄时机注意

傍晚的色彩变换特别快，要提前做好拍摄准备，在合适的时机抓拍最美丽的景色。

焦距24mm / 光圈F16 / 快门速度1/100s / 感光度100

▶ 金色的光线染在蓝色的雪地上，画面感觉很唯美

高色温表现冰雪的冷酷

冷色调通常给人以寒冷的感觉，所以拍摄雪天时为强调这样的感觉，可使用“白炽灯”白平衡，或手动设置较高的色温，使画面冷调的效果更加明显，突出雪景的冷酷。但要注意的是，不要将色温调的过高，通常在 7500K 左右就已经很高了，否则可能会出现色彩过度饱和的问题，细节会受到损失。

焦距35mm / 光圈F8 / 快门速度1/250s / 感光度100

▲ 冷冷的蓝调画面将冬季寒冷的感觉表现得很好

利用蓝天衬托神圣的雪山

为表现雪山神圣的感觉，可以利用蓝色的天空衬托雪山的洁白，也为画面增添色彩。为突出蓝天的湛蓝色，除了选择顺光下拍摄，还要利用偏振镜消除杂光、反光，让被摄体颜色更鲜艳、浓郁。借助偏振镜，能拍出效果更好的蓝天的画面效果。

表现雪山神圣感的注意

为突出雪山神圣的感觉可在构图上多注意，通常使用最具稳定感的三角构图。

焦距100mm / 光圈F13 / 快门速度1/500s / 感光度200

▶ 在蓝天的映衬下，雪山更加洁白了，并且画面简洁、明了

表现冰雪的细节

拍摄冰雪时，除了表现整体的大环境，还可以利用长焦镜头表现细节部分，为了使细节部分清晰表现尽量选择暗色背景，明暗的差距可以很好的衬托出雪的细节。配合大光圈的使用，营造小景深的画面，还可以将不必要的元素虚化掉。

得到细节的拍摄技巧

表现较小的细节部分时，可以使用长焦镜头配合大光圈，以小景深的画面虚化画面中不必要的元素。

焦距200mm / 光圈F2 / 快门速度1/250s / 感光度100

▶ 利用长焦镜头拉近拍摄，深色背景的衬托下，冰雪的细节部分更加明显

以雪为底对比环境的色彩

冬季缺乏阳光，也没有什么绿色植物，画面容易显得单调，可以借助于周围环境的对比，轻易地营造出视觉冲击力，将白雪作为底色，纳入周围的环境，例如，蓝天、建筑物等，使画面富于变化，丰富画面的元素。

利用环境色衬托白雪

由于雪天没有什么颜色，可以尽量选择周围的环境为衬托，丰富画面，使画面色彩丰富一些。

▶ 蓝天为画面增添了色彩，也突出了雪的洁白

焦距35mm / 光圈F8 / 快门速度1/500s / 感光度100

利用杂草营造不一样的雪景气氛

虽然冬季的植物没有生机，但借助于光影也可以营造出不一样的画面气氛。通常逆光和侧逆光有很强的塑形效果，较低的光线可以将枯草拉出很长的影子，增加画面的空间感，阳光的余晖还在白色的雪地涂上一层好看的金黄色。

有选择的利用杂草

- 选择比较有秩序感的杂草，尽量避开乱七八糟的杂草蓬，不然拍出来的画面不具备美感。
- 可对准雪地受光部分测光。

▶ 低光的照射下，雪地上的几棵枯草显得很有意境

焦距8mm / 光圈F4 / 快门速度1/1250s / 感光度100

表现严寒中的生机

白茫茫的雪天的确很单调，可以表现一些不惧严寒的植物，增添画面的生机感。需要注意的是，尽量不要选择颜色过重的景物，过大的对比，容易使雪或有色景物的一方损失细节。

焦距135mm / 光圈F8 / 快门速度1/500s / 感光度100　▲雪景衬托着花卉更加鲜艳，鲜艳的花朵为雪景增添了生机

深背景衬托冰的晶莹剔透

拍摄晶莹的冰时，通常需要利用深色背景衬托出冰晶莹剔透的感觉。由于冰的透明感很好，深色的背景颜色可很明显的透过来。为了使画面美观，可尽量选择有颜色的背景。应缩小光圈，并选择侧光、侧逆光下进行拍摄。

选择深色背景

深色背景还可以使冰和背景分离开，利用明显的明暗对比，突出冰的晶莹剔透。

焦距200mm / 光圈F8 / 快门速度1/250s / 感光度100

▶ 在深色背景的衬托下，可看出冰晶莹剔透的感觉很明显

水墨画一样的雪景

虽然雪景中没有什么颜色，若是在没有光线的情况下拍摄，画面会显得平板且发灰，这时要纳入环境中的重色调，这样画面就不会显得很浮。要注意的是，由于画面中大部分是白色，应增加1~2挡曝光补偿，避免画面发灰，利用雾蒙蒙的画面营造出一幅中国水墨画。

暗光环境下拍摄的注意

在光线不佳的环境中拍摄时，要使用三脚架固定相机，使画面清晰。

焦距50mm / 光圈F8 / 快门速度1/250s / 感光度400

▶ 增加曝光补偿后，画面较亮，但深色树木的加入使画面显得不会很苍白

记录雪地上的轨迹

如果是拍摄平地上的雪景，仅仅是洁白的雪地，画面没有什么重点，看起来缺少视觉兴趣点，可利用雪地上的轨迹丰富画面元素，增强画面的形式美感，还可以起到视觉导向的作用。

选择合适的轨迹

- 注意要记录有视觉导向作用的线条，而不是杂乱无章的轨迹。
- 在有光线的情况下，阴影的对比下，线条的感觉更加明显。

▶ 雪地上的轨迹，打破了画面单调的感觉，还有视觉引导线的作用

焦距18mm / 光圈F8 / 快门速度1/250s / 感光度200

雪后树林的如画意境

雪后的天空还没显现出湛蓝色，光线较柔和，可借助于这时的感觉拍摄出蒙蒙的画面效果。通常为了表现雪的洁白都增加1~2挡曝光补偿，而为了表现出如画意境的画面，只要适当提高一点曝光补偿就可以了，营造一种唯美的雪天景象，被摄景物的明暗变得比较不明显，画面感觉会很柔和。

注意天空在画面中的面积

雪后的天空容易发灰，如果是发灰的天空，在画面中应少出现。

▶ 微微偏蓝的画面，更加突出了雪后寒冷的感觉

焦距24mm / 光圈F13 / 快门速度1/250s / 感光度400

雾景

雾景也应利用曝光补偿修正曝光

由于雾景也是以浅灰和白色为主，因此准确曝光是很重要的。为避免画面曝光不足，应增加 EV0.5~EV1 比较合适。如果雾气所占面积很小，或者不在测光的范围之内，可以不增加曝光量。坚持使用实时取景功能，随时进行曝光调整。

适当的增加曝光补偿

- 增加曝光补偿时，注意不要让高光部分过曝。
- 增加曝光量的多少，应视画面中雾气所占比例而调整，雾气所占的比例越大，就越要增加曝光补偿。

焦距200mm / 光圈F8 / 快门速度1/250s / 感光度200

▶ 增加曝光补偿后，雾景的画面不会显得发灰

用雾塑造神秘气氛

虽然雾天的能见度不高，但是借助于雾气，很容易拍摄出有意境的风景照片。在雾天近景模糊，远景消失，画面中景物的层次少，拍摄的时机最好选择在雾气将散未散之际，此时雾气中的景物虚实相间，拍摄出来的照片有种神秘感。

根据现场情况增加曝光补偿

在雾天的情况下，如果按照相机自动测光，画面会呈现中灰色调，因此，一定要增加 1 挡左右的曝光补偿。

焦距250mm / 光圈F11 / 快门速度1/250s / 感光度200

▶ 在金色光线的照射下，画面感觉很淡雅

用雾渲染山间的气氛

拍摄山峦时，为了不使画面过于平板，可在雾天时，借助于迷蒙的雾气营造不一样的画面气氛。当环境中云雾较多的时候，光线经过折射就形成了柔光，虽然柔光的照射下画面明暗反差较小，但是画面比较柔和，云雾缭绕下，看起来就像一幅中国泼墨画，很有意境。

调整白平衡营造画面气氛

可将白平衡调整成白炽灯模式，使画面呈现冷色调。

焦距8mm / 光圈F16 / 快门速度1/250s / 感光度100

▶ 利用雾气渲染的山间水墨画呈现出淡淡的蓝色调

利用雾景营造画面空间感

云雾总是飘浮在空中的，它的形态优美、色彩绚丽、千姿百态，更好衬托着山的坚毅，并且可以使近处的景象清晰，远处的景象模糊。在雾气的折射下，远处与近处的景物形成明显的明暗对比，画面的层次也显得很丰富，加强了画面的空间感，呈现一种朦胧的视觉感受。

选择合适的光线

表现云雾时，一般可选择逆光或侧逆光，因此正确控制曝光十分重要。

焦距135mm / 光圈F5 / 快门速度1/500s / 感光度100

▶ 近处景物与远处景物的虚实对比下，增加了画面的空间感

闪电

拍摄闪电的基本准备

拍摄闪电时尽量选择小光圈，甚至在镜头前加装灰镜，以延长曝光时间。因为曝光时间越长，捕捉到闪电的机会就越大。画面应以闪电本身的形象为主，也可以在地面上有一些前景，以丰富画面。需要注意的是，拍摄闪电时要注意安全，不要使用金属材质的三脚架。

焦距10mm / 光圈F3.5 / 快门速度8s / 感光度100　▲ 紫色的闪电画面很唯美

选择合适的光圈

光圈大小可控制闪电的粗细。光圈大进光量较多，闪电的线条就较粗，光圈小进光量较少，闪电的线条就细，所以也要随时查看拍摄结果，适当的调整参数的设置。

▶ 利用长焦镜头可以纳入一些地面景物丰富画面的元素

利用白平衡营造不一样的闪电气氛

通过定义不同的白平衡设置，会使画面产生不同的色调，并改变整个画面的感受，通常拍摄闪电都利用偏暖色调烘托画面很神秘的气氛，偏冷色调表现“山雨欲来风满楼”的诡异之感。

季节选择的注意

夏季是闪电较多的时候，夏季的闪电或是以水平方向扩张，或是由高空向地面打下来，此时闪电的力度大，频率高，所以在夏季拍摄出好的闪电照片成功率更高。

焦距10mm / 光圈F4 / 快门速度8s / 感光度200

▶ 调整白平衡后，冷色调的画面加强了闪电的气氛

闪电与地面景色搭配

虽然闪电是出现在云间，如果单纯的拍摄闪电，无法突显空中闪电的美丽与气势，可以借助于地面景物使构图平衡，这样既可以表现出闪电瞬间的震撼力，还可以表现拍摄环境。

选择合适的镜头

从天空穿入地面的闪电很有震撼力，可使用广角镜头，以便纳入更多的景物。

焦距10mm / 光圈F4 / 快门速度8s / 感光度100

▶ 纳入一些地面景色使画面不单调

实拍案例

冬季雪景的拍摄方法

冬季拍摄雪景需要在测光及实际操作中注意一些问题。首先要注意相机防潮防寒的问题。需要注意的是，在大面积的雪地里拍摄时，不要过于相信相机本身的测光功能，因为，相机内测光系统是以18%为标准的，如果直接使用内测光所获得的数据会使画面发灰，为了正确还原雪景，可增加1~2挡曝光补偿。

焦距18mm / 光圈F8 / 快门速度1/125s / 感光度200

▲ 简单的蓝天背景衬托着树挂使画面变得简洁

树挂的拍摄方法

❶在镜头前加装偏振镜，吸收白雪反射的偏振光，压暗天空亮度，增加天空饱和度。

❷设置拍摄模式为光圈优先，并设置光圈值为 F8~F16，以保证足够的景深。

❸在光线充足的情况下，可以将感光度设置成为 ISO100，以获得较高的画质。

❹设置测光模式为矩阵 / 评价测光。

❺适当增加 0.3~1.7 挡的曝光补偿，以便拍摄得到洁白的雪景。

❻半按快门对拍摄对象进行对焦。

❼对焦成功后，保持半按快门状态并移动相机重新构图，然后按下快门即完成拍摄。

表现雪花飞舞的画面

若想拍摄雪花飞舞的画面，不同的快门速度可呈现不一样的画面效果，想要拍摄雪花飞舞富有动感的景色，可以选择大雪纷飞的时候，以 1/60s～1/30s 的快门速度拍摄可以把雪花飘落的轨迹记录下来，雪花会呈模糊的线条形状。最好选择长焦镜头拍摄，因为使用广角镜头拍摄到的雪落线条较细，而长焦镜头可以把飘落的雪花集中在一个画面中，线条轨迹也更长。

焦距105mm / 光圈F8 / 快门速度1/30s / 感光度200

▲ 长时间的快门设置可将飞雪拉成线状效果

飞舞的雪花的拍摄方法

❶在一个较为安全的距离以恰当的焦距进行构图测试，要注意不要让雪花飞落在相机上。

❷选择快门优先模式，并设置 F8~F16 的光圈值，以保证足够的景深。

❸若使用闪光灯，闪光快门速度应稍微降低一些，一般可设置 1/30s。

❹设置感光度数值为 ISO100~200，以保证画面的质量。

❺设置测光模式为矩阵 / 评价测光，对拍摄对象进行构图并激活相机（半按快门）进行测光。

❻半按快门对拍摄对象进行对焦。

❼保持半按快门状态移动相机进行重新构图，确认后按下快门即完成拍摄。

闪电的拍摄方法

利用 B 门在漆黑的夜间拍摄是不会出现过曝现象的，用镜头对准可能出现闪电的天空区域，打开 B 门开始曝光等待闪电的出现，并利用黑卡纸挡住镜头，闪电出现时，将黑卡纸移开，适度曝光之后，释放快门，即可拍摄到惊心动魄的电闪雷鸣画面。

如果拍摄多个闪电叠加在一起，可以反复使用黑卡进行遮挡，直到得到满意的画面，注意计算好时间不要让画面中较亮的部分曝光过度。

焦距21mm / 光圈F4 / 快门速度10s / 感光度100　　▲ 加入了地面景物丰富画面的元素

B门拍摄闪电的拍摄方法

❶将相机安装在三脚架上，并确认相机稳定且处于水平状态。

❷调整相机的焦距及脚架的高度等，对画面进行构图。

❸选择 B 门模式，并设置光圈数值为 F4~F8，以保证一定的景深，同时在较短的时间内，也基本能够获得较佳的曝光结果。

❹可设定光圈优先模式，对整个环境测光，若画面中没有其他光源，要稍微延长曝光时间，若画面中有其他的光源，为避免曝光过度，应适当的减少曝光时间。

❺设置感光度数值为 ISO100~200，以保证成像质量。

❻在对焦时，可以先以一次闪电作为对焦的依据。即对其中一次闪电进行对焦，成功后，即可切换至手动对焦方式，从而保证后面每次的拍摄都是正确对焦的。

❼按下快门后，待闪电出现的瞬间，可用黑卡纸遮挡镜头，闪电出现时将黑卡纸移开。待闪电完毕后，释放快门，即完成拍摄。

第 15 章 微距摄影

微距摄影越来越受欢迎，奇妙的微观世界总是带给观者新奇感，但是若不注意拍摄方法很容易出现跑焦的现象。本章根据微距摄影的特点从器材准备、曝光设置、构图技巧、用光技巧、实拍案例等方面进行了详细的讲解。

器材准备

微距镜头

在微距镜头下会为我们呈现一个很神奇的微观世界，微距摄影也越来越受到摄影爱好者的喜爱，但是一般的镜头拍摄并不是很理想，这就需要一支可以按照 1：1 的放大倍率的微距镜头了，这样的画面效果是其他镜头无法比拟的，并且可以得到很小的景深效果。

微距镜头分析

微距镜头的不常使用性和偏高价格是普通爱好者望而却步的主要原因。使用等效焦距在 100mm 以上的微距镜头，成像效果虽不如专业的微距镜头，但是结合大光圈一并使用也可得到不错的画面效果。

焦距60mm / 光圈F8 / 快门速度1/500s / 感光度400

▶ 微距镜头下花蕊的细节也可表现得很清晰

近摄镜

安装近摄镜可以缩短拍摄距离，通常可以达到 1:1 的放大比例，对焦范围约在 3~10cm。并且直接安装到镜头前端或镜头转接环上就可以。但是近摄镜的光学素质上较差，常常会产生较严重的紫边。

近摄镜的使用的注意

为了防止无法对焦，出现暗角的问题，应选择 50~300mm 之间焦距的镜头。

▲ 佳能58mm 500D 近摄镜

焦距50mm / 光圈F5.6 / 快门速度1/500s / 感光度100

▶ 加了近摄镜后也可以得到微距效果的画面

近摄接环

安装近摄环也可以达到放大倍率的作用，类似于在机身和镜头之间增加了一个圆筒，可以利用镜头和机身的卡口连接两端。另外，近摄接环通常由镜头接口环、1 号接环、2 号接环、3 号接环和机身接口环 5 部分组成，其中 1~3 号接环用于控制放大倍率。

近摄拉环可以分为无触点和有触点两种。

无触点的近摄环价格便宜，但是对镜头的要求较高，为了便于手动控制光圈，必须是有光圈环的镜头才可以，只有一些较老的镜头才有，例如尼康 D 系列的镜头，全部带有光圈环，使用起来比较方便。否则，相机将自动按照镜头的最大光圈进行拍摄，对微距摄影来说，即使是 F4 这样并不大的光圈，拍摄得到的画面景深也会非常小，很容易产生对焦不准或虚化范围过多等问题。安装好无触点的近摄接环后，将必须采用 M 挡手动模式进行拍摄，才可以设置适当的快门速度。与无触点的近摄接环相比，有触点的近摄接环可以实现自动测光和对焦，性能提高了很多，为拍摄提供了方便，并且在成像上几乎可以与微距镜头相提并论了。

焦距50mm / 光圈F11 / 快门速度1/1000s / 感光度100　▲ 利用近摄接环拍摄的画面质量较好

▲ 无触点的近摄接环

▲ 有触点的近摄接环

内置/外置闪光灯补光

如果镜头过长，很可能由于拍摄对象太近，内置／外置的闪光灯的光线被镜头遮挡，导致画面中有一部无法照亮，此时可以尝试使用更大的焦距或在内置或外置闪光灯上增加一个弧形的反光罩，用于将闪光灯射出的光线反射到镜头前面的拍摄对象上。

▲ 用白纸反射闪光灯的光线，也能得到不错的闪光效果

焦距180mm / 光圈F11 / 快门速度1/125s / 感光度400

▲ 利用闪光灯补光后，画面的亮度提高很多，并且没有明显的阴影

环形与双头闪光灯

环形或双头闪光灯是很专业的闪光灯设备。

环形闪光灯大致由后端可以插在闪光灯热靴上的引闪器和可以固定在镜头前端的闪光灯，这样，镜头前的拍摄对象就可以得到很充分的闪光了。

双头闪光灯，顾名思义有两个闪光灯灯头，并由一个有线或无线的引闪器控制闪光灯发光，引闪器安装在相机的机顶闪光灯热靴上。

◀ 双头闪光灯与近摄接环的装备组合

◀ 近摄接环与环形闪光灯的装备组合

▲ 在弱光环境下，可使用闪光灯补光

柔光罩

由于闪光灯射出的光很硬，直接照射在昆虫身上会产生难看的阴影，为了淡化阴影，可以在闪光灯上加装柔光罩，使光线更加柔和，也不会形成大面积的光斑。不过，对于一些身体表面较为光滑的昆虫来说，少量的光斑也能更好的突出其光泽感。

焦距180mm / 光圈F10 / 快门速度1/125s / 感光度100

▲ 尽管使用了闪光灯，安装柔光罩后，画面光线很柔和

▲ 扇形柔光罩

▲ 画面感觉很细腻，不会出现难看的阴影

曝光设置

利用小景深突出主体

光圈的大小可以影响画面的景深大小，通常可以利用光圈优先模式自定义光圈的大小，根据拍摄需要调节景深的大小。需要注意的是，微距镜头常使用 F8~F11 的光圈就可以获得很小的景深效果了，F16 以后的画面质量都很低。

▲ 小景深可很好的突出体积很小的蜜蜂

▲ 即使在万花丛中也可以利用小景深突出美丽的蝴蝶

对高反光的被摄物减少曝光补偿

由于相机对高反光的被摄物容易测光不准，拍摄后可以减少一些曝光补偿，保留亮部的细节部分。拍摄时，可使手动曝光模式，灵活设置各项相机参数。根据自己的拍摄意图进行自定义设定。在拍摄时，不妨反复的测试几张，直至得到满意的结果为止。

利用手动调焦比较灵活

手动曝光的灵活性很高，可以根据摄影师的创作意图进行相机参数的设定，同样的场景下，不同的参数设置可得到很不一样的画面效果。

焦距105mm / 光圈F8 / 快门速度1/125s / 感光度100

▶ 减少曝光后，硬币的亮部细节也表现得很好，而不会出现像是缺失了一块的空白

利用手动对焦提高画面清晰度

由于微距镜头放大倍率较高，利用手动对焦比起自动对焦会更加精准。当相机切换为手动对焦模式后，通过旋转镜头上的对焦环，同时从显示屏上的实时取景，获得对焦清晰的画面。

拍摄微距时，手动对焦适合在多种情况下使用，在当光线较为微弱、被摄体反光强烈或画面中没有明显主体等情况时，自动对焦系统经常无法实现精准对焦，这时使用手动对焦便可以轻松地辅助完成合焦并拍摄，例如可以于拍摄悬挂与树梢、屋檐下轻柔的蜘蛛网等景象。

拍摄时注意

- 精确的手动对焦需要更多经验和耐心。
- 使用三脚架帮助相机保持稳定的同时，也可以节省体力，保证摄影师有更多的精力拍摄。

▶ 利用手动对焦可在弱光环境下也得到清晰对焦的画面

焦距105mm / 光圈F5.6 / 快门速度1/500s / 感光度200

利用自动对焦拍摄微距时注意事项

由于微距摄影的图像的放大倍率非常高，达到了1:1甚至更高的比例，因此，平时并不算大问题的对焦后二次构图的操作，在拍摄微距时，由于过小的景深，很可能导致画面就会出现跑焦的问题。在拍摄时，建议在使用自动对焦模式拍摄时，可先确定大致构图，然后选取合适的对焦点，再进行对焦和拍摄。对焦之后尽量保持原来的机位，以保证画面质量。

自动对焦的注意

当画面明暗反差特别大时，若使用自动对焦模式往往会无法成功对焦。如若仍然达不到构图的要求，可以适当将拍摄范围拍得大一些，然后在后期软件中进行裁剪。

▶ 在“偌大”的蜘蛛网上，只有蜘蛛很清晰，在画面中很突出

焦距60mm / 光圈F5 / 快门速度1/50s / 感光度200

闪光灯补光技巧

在使用内置闪光灯时，由于闪光同步速度较低，通常最高仅支持 1/200s 的快门速度，因此在光圈较大的情况下，为避免曝光过度，应缩小的光圈进行拍摄。

在使用闪光灯时，通过调整内置闪光灯闪光补偿或调整外置闪光灯的强度，便可以在不改变闪光距离的情况下获得不同的曝光效果。通过三张照片的对比可看出不同闪光补偿的效果，而随着闪光补偿的递增，画面亮度也随之提高。

焦距180mm / 光圈F13 / 快门速度1/125s / 感光度100　▲ 较高的闪光强度得到明亮的画面

▲ 一般的闪光强度得到感觉正常的画面

▲ 较弱的闪光强度，得到较暗的画面

构图规则

满画幅构图

满画幅就是指将被摄物充满整个画面，画面中很少纳入环境，可以使主体在画面中很突出。拍摄时可以大胆裁切，不必要的元素可以完全不纳入画面中，用夸张的表现方式和强烈的视觉使观者感受画面的冲击力。

焦距180mm / 光圈F5.6 / 快门速度1/250s / 感光度100　　▲ 充满画面的花朵很有视觉冲击力

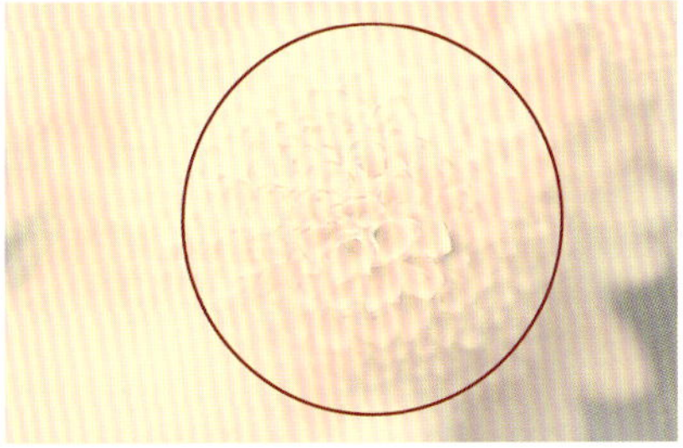

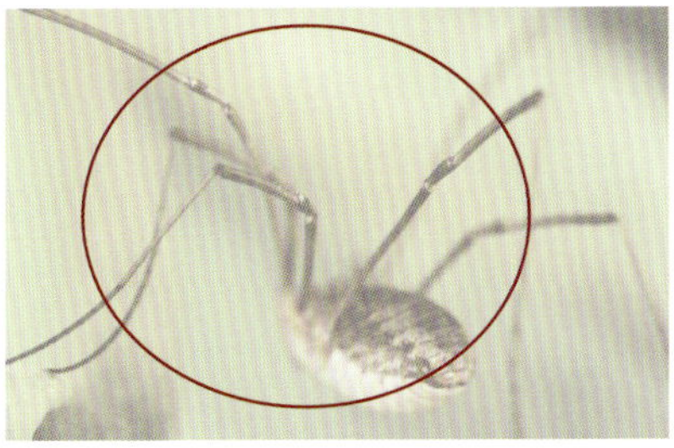

▲ 张开8只足爬行的蜘蛛充满了画面，使画面看起来很有张力

三分构图

三分构图法在昆虫摄影中很常用，也是很实用的构图方法，三分法的画面看起来很有平衡感，从而也避免了把主体放在画面中间而产生生硬的感觉。拍摄时，将昆虫或昆虫的眼睛置于其中一个三等分线上，这个位置在视觉上会感觉很舒服，画面显得自然、不呆板。

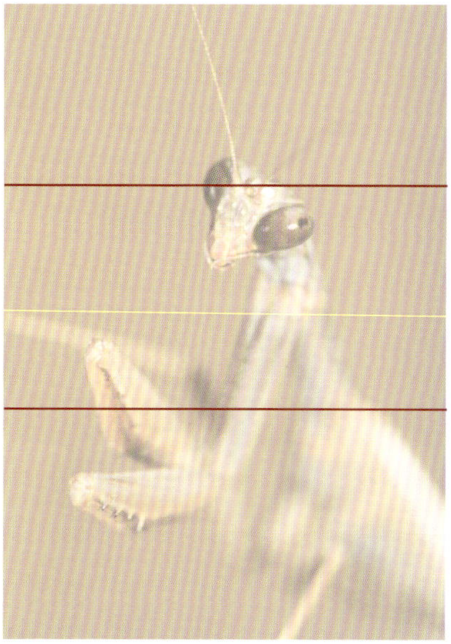

▶ 将螳螂的眼睛放在画面的三分处，在视觉上感觉很舒服

焦距60mm / 光圈F2.8 / 快门速度1/125s / 感光度100

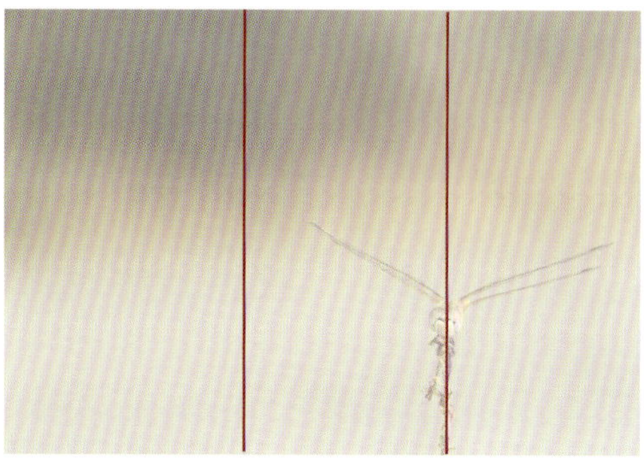

▶ 虽然蜻蜓只占了画面很小面积，但画面看起来很均衡

焦距200mm / 光圈F4 / 快门速度1/500s / 感光度100

构图技巧

把画面兴趣点放在视觉中心上

微距摄影里，为了突出被摄体的特点，可以将其放在画面的视觉中心点上，也就是通常所指的黄金分割点，这个位置在视觉上是很舒服的。在拍摄时，可以将占据了画面的大部分的被摄物虚化，将最清晰的焦点处安排在画面最舒服的位置上，从而突出画面的视觉中心点。

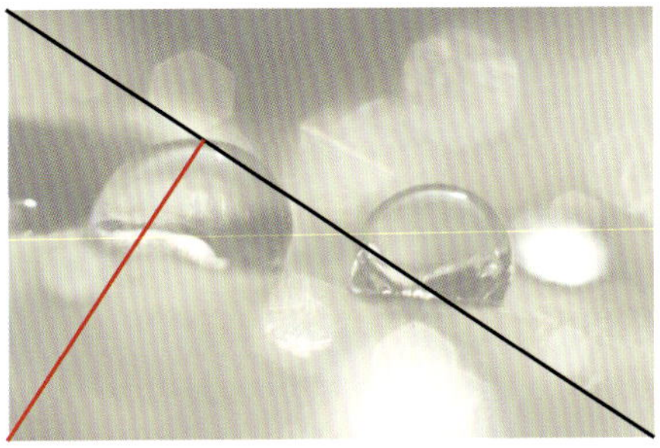

焦距60mm / 光圈F2.8 / 快门速度1/500s / 感光度100

▲ 虽然水珠在画面中占据的面积不大，但在视觉中心点上看起来很醒目

根据被摄物的形体特点选择构图方法

不同的昆虫因为体型的不同，需要用不同的构图方式。拍摄时，可以根据昆虫自身的特点、姿态来选择突出其特点的构图方式。如果昆虫的身形属于瘦长型，为了避免画面显得空荡可以采用斜线的构图方法，会使画面看起来更舒服、自然。

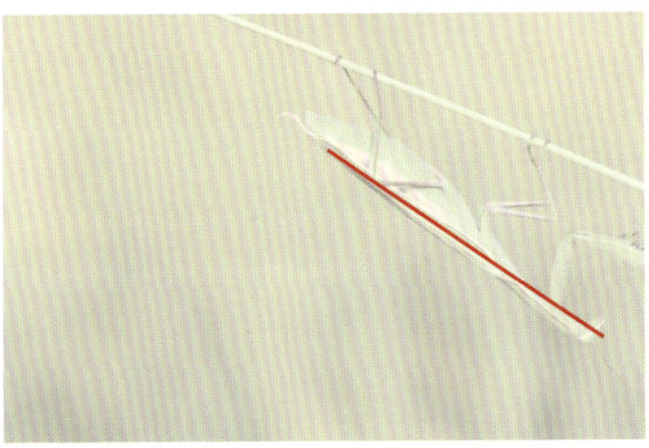

▶ 斜线的构图突出了螳螂修长的体型，这样的构图也是画面感觉很活泼

焦距200mm / 光圈F2.8 / 快门速度1/500s / 感光度400

根据被摄物的形体特点选择拍摄角度

拍摄时，可根据昆虫自身的形体特点灵活地进行构图，这就需要拍摄时需要从不同角度多观察，选择最适合表现被摄物特点的角度进行拍摄，从而使观者将注意力集中在昆虫最具魅力的位置，展示昆虫的特色。

▶ 从正面拍摄突出了瓢虫圆形的体型

焦距60mm / 光圈F2.8 / 快门速度1/800s / 感光度800

▶ 利用较低的角度拍摄蝴蝶，有种展翅欲飞的感觉

焦距180mm / 光圈F4 / 快门速度1/500s / 感光度100

使有特色的物体形态成为构图中心

表现一些本身就很具备自身的形态特点的被摄物体时，只要简明的表现出来就可以了。例如，晶莹剔透的水珠，只是用简明的构图就能一目了然，不需要复杂的构图方式。

焦距60mm / 光圈F2.8 / 快门速度1/500s / 感光度200

水珠的拍摄技巧

- 利用侧光表现水珠的光泽。
- 利用深一些的背景衬托水珠的透明。
- 丰富的环境颜色，也丰富了画面。

▶ 利用很小的景深突出晶莹剔透的水珠，虚实的对比使水珠在画面中很突出

无关的景物排除在画面之外

杂乱的环境会影响观者的注意力，为了使观者在欣赏一张照片时，把注意力集中在画面中最感兴趣的地方，所以拍摄时，尽量避免将无关的景物纳入画面中。突出被摄物使其留给观者的印象最深刻，最吸引视线，所以在构图时可将无关的景物排除在画面之外。

焦距200mm / 光圈F4 / 快门速度1/500s / 感光度100

▲ 简洁的画面使蝴蝶在画面中突出，主题鲜明

虚化背景突出小体积的主体

体积较小的被摄物在画面中比较单薄，不易引人注意，这就需要构图时注意多加周围的颜色和画面背景。例如，平时很难看仔细的蒲公英，通过微距镜头夸张放大处理后，在虚化的背景下，在画面中显得很突出。

虚化背景拍摄注意

利用微距镜头拍摄时，不必使用最大光圈，通常 F8~F11 就可以了。

焦距60mm / 光圈F4 / 快门速度1/500s / 感光度100

▶ 飞起的蒲公英种子在虚实的对比下被表现得很清晰

用光技巧

顺光表现对象细节

为表现好昆虫的细节，可选择顺光，因为顺光下的画面明暗反差小，阴影也较少。顺光可充分展现被摄体色彩、图案等基本特征。但不足之处是，顺光不利于表现空间感和立体感，且画面缺乏明暗变化。

焦距180mm / 光圈F5 / 快门速度1/800s / 感光度200

▶ 顺光下画面中明暗差距较小，阴影也不明显，所以细节部分都表现得很清晰

柔光表现无影的画面效果

因为昆虫体积较小，适合使用柔和的光线表现，可得到明暗对比不强，反差较小的画面。拍摄时采用柔光拍摄，所拍摄的画面明暗过度区域较大，画面影调均匀、柔和。

柔和的影调适合表现画面无影的效果。使用柔光拍摄应少用顺光光位，以免影调变化过小使画面显得很平板。

焦距200mm / 光圈F4 / 快门速度1/250s / 感光度200

▲ 柔光下的蜗牛与环境的感觉很融合，画面整体很和谐

实拍案例

利用长焦拍摄小昆虫的方法

为避免近距离拍摄将小昆虫吓跑，所以选择长焦镜头在远处将小昆虫拉近拍摄是再好不过的了。长焦镜头配合大光圈拍摄，可以虚化杂乱的背景，去除不利画面的元素，从而突出被摄的昆虫，使画面简洁、明了。

焦距180mm / 光圈F6.3 / 快门速度1/500s / 感光度200 ▲长焦镜头不会惊扰到小动物，还可以得到简洁的画面

使用长焦镜头拍摄微距的拍摄方法

❶尽可能使用镜头的长焦端进行基本的构图。原因之一是尽可能确保不会吓跑昆虫，同时，长焦端拥有更强的虚化能力，对于拍摄浅景深效果大有帮助。

❷将拍摄模式设置为光圈优先，并设置为最大的光圈值。如果担心最大光圈下图像质量会下降，可适当收缩半挡光圈。

❸将 ISO 设置为 100，以保证较高画质。但如果光线不充足，快门速度过低，则应适当提高感光度或光圈。

❹将对焦模式设置为单次自动对焦模式。建议选择中央对焦点进行单点对焦。

❺将测光模式设置为评价测光，针对被摄对象进行测光。

❻将对焦点设置成为单点对焦（如追求较高的对焦精度，建议使用中央对焦点）。

❼半按快门对拍摄对象进行对焦。

❽对焦成功后，保持半按快门状态并移动相机重新构图，然后按下快门即完成拍摄。

手持拍摄微距画面的方法

拍摄微距时，手持拍摄虽然不如三脚架更能确保画面清晰度，但可以更灵活的抓拍到好的画面，所以建议使用手持微距镜头拍摄，相比使用三脚架拍摄，可能会有点累，但是手持微距镜头比使用三脚架更加灵活，构图时也能更加快速。

焦距60mm / 光圈F8 / 快门速度1/1000s / 感光度400　▲利用手持高速快门记录下飞舞的蜜蜂

手持微距镜头的拍摄方法

❶尽量近距离上进行基本的构图。

❷选择光圈优先模式并设置光圈值为 F6.3~F13 之间，以保证适当的景深（光圈太大，景深会极浅，容易出现跑焦的问题；光圈太小，几乎所有的微距镜头在 F14 以后，成像质量都会巨幅下降，因此不推荐使用）。

❸将 ISO 设置为 100~200，以保证较高画质。但如果光线不充足，快门速度过低，则应适当提高感光度或光圈。

❹若使用闪光灯进行补光，应根据不同的闪光灯类型进行适当的参数设置。

❺将对焦模式设置为单次自动对焦模式。建议选择中央对焦点进行单点对焦。

❻将测光模式设置为矩阵 / 评价测光，针对被摄的对象测光（微距镜头的放大倍率较高，在拍摄时很容易因为轻微的抖动使画面模糊，因此在手持拍摄时，建议让快门速度保持在安全快门 2 倍以上的数值，可增大光圈或感光度来提高快门速度）。

❼可适度进行负曝光补偿调整，以增加画面色彩饱和度。

❽半按快门对焦。建议在对焦后不要进行重新构图，以免出现失焦的问题（此处宁可适当拍摄一些多余的画面，然后在后期处理时再将其裁掉，尽可能避免失焦的问题）。

❾确定被摄范围后，按下快门完成拍摄。

使用微距镜头配合三脚架拍摄花卉的方法

微距镜头下为我们展示了一个奇异的微观世界，可以将被摄物的细节拍摄得很清晰，由于拍摄微距时的重量很重，且由于微距画面景深过小，需要较长的时间用在仔细对焦上，这就需要在拍摄时使用到三脚架固定相机，以确保画面的清晰度。

焦距60mm / 光圈F2.8 / 快门速度1/250s / 感光度100

▲ 侧光的照射下花蕊的细节也表现得很有立体感

使用微距镜头配合三脚架拍摄花卉的拍摄方法

❶将相机安装在三脚架上，并确认相机稳定且处于水平状态。

❷适当调整脚架或云台的位置，并在取景器中对画面进行构图（注意不要吓跑昆虫）。

❸选择光圈优先模式并设置光圈值为 F6.3~F13 之间，以保证适当的景深（光圈太大，景深会极浅，容易出现跑焦的问题；光圈太小，几乎所有的微距镜头在 F14 以后，成像质量都会巨幅下降，因此不推荐使用）。

❹将测光模式设置为中央重点 / 中央重点平均测光。

❺由于三脚架保持相机稳定，因此推荐使用手动方式进行对焦，在镜头上切换至 MF 手动对焦方式，然后拧动对焦环进行对焦，同时在取景器中确认对焦是否准确。

❻确定对焦成功后，按下快门即完成拍摄（为避免手按快门时产生震动，推荐使用快门线或遥控器来控制拍摄）。

第 16 章 花卉摄影

鲜花总是带给人喜悦、温馨的感受，拍摄花卉时为体现其这一特色就需要注意曝光、用光、构图等方面的设置和选择。本章从器材准备、曝光技巧、构图技巧、用光技巧、实拍案例等方面详细讲解了拍摄花卉的技巧。

器材准备

广角镜头拍摄花海

广角镜头非常适合表现被摄物体的环境，很适合用来表现大场面的花卉，可选择小光圈得到景深较大的画面，并采用俯视的角度拍摄，利用竖构图突出画面的纵深感。

中长焦镜头拍摄花卉特写

用长焦镜头拍摄花卉，是一种常用的方法，长焦镜头可以压缩空间、虚化背景，使主体更加突出。200mm 以上的长焦镜头能够方便的拍摄到树枝上、花丛中不易靠近的花朵，也能够进行特写拍摄，以表现花卉的局部细节。

焦距35mm / 光圈F8 / 快门速度1/500s / 感光度100

▲ 拍摄大场面的花海时，尽量选择小光圈，这样画面的清晰范围较大

焦距200mm / 光圈F4 / 快门速度1/800s / 感光度100

▲ 在一片花海里，使用长焦镜头可重点突出被摄花卉

定焦镜头获得浅景深画面

表现众多花卉中的一簇时，需要较小的景深，定焦镜头的大光圈可以得到较小的景深，这样就可以很好的表现花海中单个花朵了，并且模糊的背景可以突出主体，使背景干净。

定焦镜头拍摄注意

为了不纳入过多的景物，使用定焦镜头时，可靠近拍摄，使花卉尽量充满画面。

▶ 浅景深的画面比较简洁、明了，画面中只突出了需要表现的花朵

焦距50mm / 光圈F2.8 / 快门速度1/500s / 感光度200

曝光技巧

对准亮部测光表现半透明花卉

运用逆光拍摄花卉时，对准亮部测光的话，虽然会损失部分暗部细节，但可使亮部很亮，呈现出透明或半透明效果，也能更细腻地表现出花的质感、层次和花瓣的纹理，要注意的是此时拍摄应进行适当的补光处理。

▶ 在深色背景的衬托下，花卉半透明的效果更加明显

焦距160mm / 光圈F8 / 快门速度1/500s / 感光度200

拍摄白色花卉增加曝光补偿

拍摄白色花卉时，以相机测光得到的测光值拍摄出来的画面中，花卉通常会发灰，根据“白加黑减”的原则，应该适当的增加曝光补偿，以提亮画面的亮度，白色花卉还原正常的颜色，得到曝光合适的画面。

拍摄白色花卉注意

如果不是刻意拍摄高调画面，拍摄白色花卉时，可利用有颜色的背景，使花卉与背景分离，画面比较有空间感。

▶ 增加曝光补偿后，白色花卉颜色得到正常还原，在深色背景的衬托下，更加突出

焦距60mm / 光圈F4 / 快门速度1/500s / 感光度100

构图技巧

深色背景衬托娇艳的花卉

拍摄深色背景时，可选择主体与背景反差较大的环境，通常深色的背景比较容易突出花朵浓郁的色彩，如果拍摄近处的花卉，将一块黑布或其他深色材质置于花卉背后，对花朵测光拍摄即可。

分析运用深色背景注意

花卉与背景之间要保持一定的距离，否则会使背景也清晰成像。

▶ 红色的花卉在深色背景的衬托下，显得更加浓郁

焦距60mm / 光圈F4 / 快门速度1/100s / 感光度400

浅色背景营造唯美画面

利用浅色背景衬托花卉可以营造出纯净的画面氛围。与黑背景相似，也可以将白板或者白布放在花后面，并用反光板把自然光反射到白色背景上，那样照片不会显得太灰。同样，在拍摄时需要使用大光圈，并在花和背景之间保持一段距离。

焦距60mm / 光圈F6.3 / 快门速度1/250s / 感光度400

▶ 纯净的花卉在浅色背景的衬托下，画面整体很干净

仰视以天空为背景

拍摄花朵时，为避免平视和俯视会受到周围环境的干扰，显得背景杂乱。可以降低拍摄角度，以天空为背景表现花卉。让花卉置于天空这样一个巨大的蓝色背景之中，使美丽的花朵外形显得格外分明。

以天空为背景注意

- 由于花卉与天空明暗差距过大，应减少曝光补偿，压暗天空亮度。
- 可以利用闪光灯为花卉补光。

焦距6mm / 光圈F8 / 快门速度1/800s / 感光度200

▶ 纯净的蓝天映衬着美丽的荷花，画面整体很明朗，很清新

用光技巧

柔光突出花卉细节

花朵不光有美丽的颜色，不同的花朵还有不同的纹理和质感，通常利用散射光表现花卉的质感。散射光下的画面没有明显的阴影，也不会因为明暗差距过大，而损失亮部或暗部细节，合适的曝光可以将花卉的细节部分表现清晰。

柔光照射注意事项

为避免散射光下画面显得平板，可选择颜色差异较大的背景衬托花卉，使花卉与背景分离。

焦距200mm / 光圈F4 / 快门速度1/400s / 感光度400

▶ 柔光的画面中明暗差距不大，花卉的细节表现得很清晰

侧光下的花卉立体感很强

拍摄花卉时还可以选择侧光的角度进行拍摄，因为侧光照射下的花卉具有丰富的影调，立体感较强，对景物颜色的还原比较理想。注意，如果暗部与亮部差距过大时，可利用反光板在暗部进行补光，缩小明暗差距。

顺光拍摄注意

为了使画面颜色更加纯净，顺光拍摄时，应使用偏振镜。

焦距200mm / 光圈F2.8 / 快门速度1/500s / 感光度200

▲ 借助于侧光的照射，使容易显得平板的白色花卉变得很有立体感

实拍案例

逆光花卉的拍摄方法

逆光可拍摄出动人的画面，逆光拍摄花卉时，可利用亮部测光法，使花卉呈半透明效果，并且使花卉的轮廓显得很有立体感。拍摄时，应尽量选择暗背景，可以突出花朵轮廓，并与背景分离。

焦距135mm / 光圈F4 / 快门速度1/250s / 感光度100　▲光照在花卉上呈半透明状，与黑色的背景分离

与背景分离的拍摄方法

❶选择光圈优先模式，并设置较大的光圈以获得浅景深效果（在光线非常充足的情况下，可能会造成快门速度超出相机的极限，此时降低感光度或缩小半挡光圈即可）。

❷设置感光度为 ISO100，以保证较高的画质。

❸选择测光模式为中央重点测光。

❹为更好的表现花瓣的纹理，可以适当降低 0.3~0.7 挡的曝光补偿。

❺半按快门对花瓣进行对焦。

❻对焦成功后，按下快门即完成拍摄。

逆光下拍摄注意

逆光下为了使花卉曝光合适，应适当地进行补光。

表现花卉颜色的拍摄方法

拍摄花卉时，为了表现好花卉的颜色，除了使用偏振镜去除杂光外，最好是选择散射光下进行拍摄，这样环境下，阴影较少，可减少对颜色的影响。为提高饱和度还可以适当的减少曝光补偿，使花卉的颜色更加浓郁。

▶ 减少了曝光补偿后，花卉的颜色更加浓郁

焦距200mm / 光圈F4 / 快门速度1/100s / 感光度200

▲ 一片绿海里衬托着粉色的荷花更加娇艳

表现花卉颜色的拍摄方法

❶在镜头前加装偏振镜，消除环境中的杂光，使花卉的颜色更加纯净。

❷选择光圈优先模式，并设置较大的光圈以获得浅景深效果（在光线非常充足的情况下，可能会造成快门速度超出相机的极限，此时降低感光度或缩小半挡光圈即可）

❸设置感光度为 ISO100，以保证较高的画质。

❹选择测光模式为中央重点测光。

❺为了增加花卉颜色的饱和度，可适当降低 0.3~1 挡的曝光补偿。

❻半按快门对花瓣进行对焦。对焦成功后，按下快门即完成拍摄。

第 17 章

树木摄影

象征着生命力的树木常给人积极向上的感觉，自然中会有成片的树林，也有单棵的树木，既可从整体去表现，也可从细节去展示。本章从器材准备、构图技巧、拍摄技巧、实拍案例等方面进行了树木拍摄技巧的讲解。

器材准备

利用广角表现树林的空间感

广角镜头下可以纳入较多的景物，表现的场景较大，视角宽广，也可使画面产生变形，可利用这一特点来表现树林的空间感，近大远小的透视效果，可使画面有种纵深的空间感，拍摄时可结合小光圈的使用。

▶ 强烈的透视效果加强了画面的纵向空间感

焦距24mm / 光圈F13 / 快门速度1/100s / 感光度400

偏振镜使画面颜色更加饱和

偏振镜可以减小和消除非金属表面的反光，除了可以用来表现蓝天，还可以用来表现植物。如果画面中有需要表现颜色的植物时，使用偏振镜可以减少周围环境杂乱光线对画面的影响，使画面中的植物看起来自然、纯净。

使用偏振镜注意

使用偏振镜时，应随时调换角度，使画面效果达到最佳。

▶ 使用偏振镜后，画面的颜色很纯净

焦距135mm / 光圈F16 / 快门速度1/800s / 感光度100

构图规则

垂直线构图

垂直线构图能使画面在上下方向上产生视觉延伸感，可以加强画面中垂直线条的力度和形式感，给人以高大、威严的视觉感受。很适合用来表现躯干笔直的树木，在拍摄时可只是单纯截取被摄对象的局部，来获得简练垂直线构成的画面效果，使画面呈现出较强的形式美感。

▶ 截取树木的一段利用垂直线构图，突出了树木笔直的特点

焦距35mm / 光圈F13 / 快门速度1/100s / 感光度400

三分法构图

当画面中只表现一棵树时，树的摆放位置很重要，不同的放置角度也会产生不一样的画面效果。通常将树木放在很符合人的视觉习惯的三分之一处，这样观者的视觉就很容易集中在树木上，使画面看起来很舒服。

三分法构图注意

三分法表现单棵树时，为了不使画面显得空荡，要注意周围环境的表现。

▶ 画面中的树木放置在三分之一处，这样既不会显得呆板，画面还很有均衡感

焦距24mm / 光圈F13 / 快门速度1/1000s / 感光度100

放射线构图

仰视拍摄时，由于透视的管线，树木可产生放射线构图，向内汇聚的视觉感受，可将观者的视线引向中心，但同时又向中心挤压的感觉。

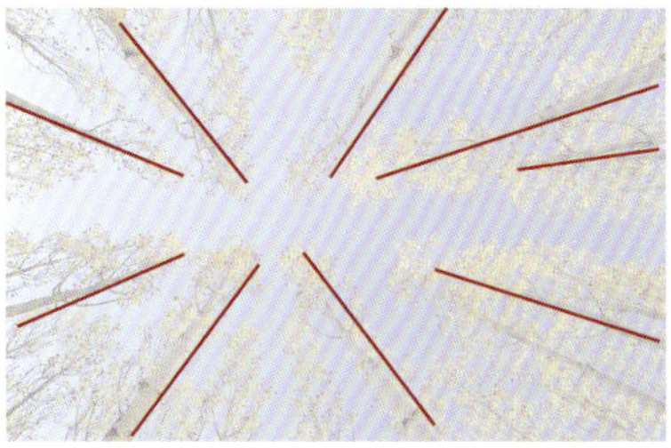

放射线拍摄技巧

- 根据视觉倾向，放射线能够表现出两类不同的效果：一类是向心式的；另一类是离心式的。通常树木为向心式放射线构图。
- 拍摄时利用超广角镜头可以加强放射线的画面效果。

焦距18mm / 光圈F16 / 快门速度1/125s / 感光度100

▶ 画面中的树木呈向内汇聚的线条，将观者的视线向中间集中

对称式构图

利用水面的倒影形成对称的构图，可以使画面有种均衡的美感。还可以加强画面的色彩感，拍摄时可利用长焦镜头拉近拍摄，这样画面会被压缩而显得比实际距离近一些，使得照片更具有表现力。

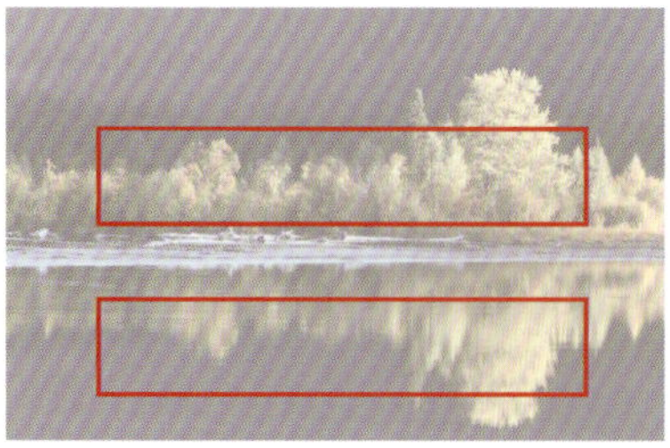

▶ 岸上的树木对于水里的倒影构成了对称式的构图，画面有种稳定感

焦距80mm / 光圈F22 / 快门速度1s / 感光度100

构图技巧

俯视表现树林

俯视角度拍摄可以有一揽全局的视觉感受，为了加强这样的效果可利用广角镜头纳入更多的景象，并结合小光圈，获得较大的景深范围。

▶ 俯视拍摄时，茫茫雪地上点缀着的树木形成了近大远小的透视效果，增强了画面空间感

焦距30mm / 光圈F8 / 快门速度1/500s / 感光度200

仰视表现高大的树木

拍表现高大的树木时，可采用仰视的角度拍摄，以增强画面的透视感，向内聚拢的视觉效果可以增强树木高耸挺拔的感觉，同时以简洁的天空为背景能够更加突出树干的造型。

仰视拍摄注意

- 如果对准天空测光，可得到剪影效果的树木。
- 如果对准树木测光，可使天空曝光过度。
- 若想得到天空和树木曝光合适的画面，可对准天空测光后，适当的减少曝光补偿。

▶ 仰视的角度使树木看起来更加高大挺拔

焦距24mm / 光圈F11 / 快门速度1/250s / 感光度100

拍摄技巧

树影营造空间感

拍摄树木时，为避免画面显得平板，可借助于树的影子制造空间感，如果是侧光下横向的影子，可增加画面横向的空间感，如果是逆光下纵向的影子，可增加画面纵向的空间感。

可利用影子打破画面呆板的感觉

表现冬季树木时，为避免画面白茫茫一片，还可利用影子增添画面的重色调。

▶ 深色的影子为画面营造了空间感，而不是白茫茫的一片

焦距50mm / 光圈F8 / 快门速度1/500s / 感光度200

利用雾气增加树木的美感

拍摄较单一的树木时，可以借助于清晨的雾气增添画面的美感，借助于雾气表现树林是常见的拍摄手法，因为雾气可使画面看起来很梦幻。淡淡的雾气可使近处的树木清晰，远处的树木模糊，这样也使画面的空间感更加明显。

▶ 雾气与树林搭配，构成了虚实的组合，有抽象画的效果

焦距105mm / 光圈F5.6 / 快门速度1/100s / 感光度100

拍摄雾气注意

由于雾气会使相机测光不准，为避免画面发灰，拍摄时应增加 1~2 挡的曝光补偿。

利用颜色表现满地树叶

金黄的秋日落叶也可以很好的表现一下，利用颜色突出季节的特色，可稍微减少一些曝光补偿，使颜色感觉更加浓重，拍摄时缩小光圈，增加画面的清晰范围，使满地树叶的感觉更加明显、突出。

表现颜色的技巧

还可以利用偏振镜去除画面的杂光，使颜色更加纯净。

▶ 放低了相机，用低角度表现一地树叶时，可以纳入较多的画面

焦距17mm / 光圈F4 / 快门速度1/500s / 感光度100

利用黄绿的颜色表现季节之美

秋季是多彩的季节，在这个季节交替的时刻，植物会呈现出不同的颜色，这是秋季的特点。利用树叶半黄半绿的颜色，表现夏季与秋季的交替，这样的画面还可以突出秋季植物成熟的感觉。

▶ 两种不同颜色的树叶组合在一起，突出了秋季植物更新换代的特点

焦距105mm / 光圈F8 / 快门速度1/100s / 感光度100

实拍案例

利用背景表现半透明的树叶的拍摄方法

半透明效果的树叶在画面中很突出，也很醒目，拍摄时应选择逆光角度拍摄，选择大光圈营造小景深画面，虚化不必要的画面元素。而长焦距可以压缩空间，同时也能起到虚化背景的作用，从而突出主要表现的树叶。在拍摄时，还需要为镜头加装遮光罩，避免眩光影响画面效果。

焦距200mm / 光圈F4 / 快门速度1/250s / 感光度100

▲ 黑色背景下，橘黄色的树叶半透明的效果很明显

半透明树叶的拍摄方法

❶将树叶处于背景明暗差距较大的环境中。

❷选择光圈优先模式，并设置较大的光圈以获得浅景深效果（在光线非常充足的情况下，可能会造成快门速度超出相机的极限，此时降低感光度或缩小半挡光圈即可）。使用长焦镜头，压缩空间，并用三脚架固定相机。

❸设置感光度为 ISO100，以保证较高的画质。

❹将测光模式设置为点测光，针对树叶的受光处测光，锁定曝光。

❺将曝光补偿设置为 −0.3EV~−1EV，压暗背景亮度。

❻半按快门对树叶进行对焦。

❼对焦成功后，按下快门即完成拍摄。

表现植物轮廓的拍摄方法

为了更好的表现树木的枝干，可在逆光拍摄时，对准天空的亮部测光，可得到剪影效果的画面，拍摄这样效果的画面时，可选择外形比较有特色的被摄体来表现。画面会比较有形式美感。

焦距23mm / 光圈F16 / 快门速度25s / 感光度100

▶ 蓝色的天空，粉色的云彩，与蜿蜒伸展的树枝构成了很唯美的画面

剪影树枝的拍摄方法

❶建议使用三脚架进行拍摄，以保持相机稳定。

❷设置拍摄模式为光圈优先，并根据需要设置光圈值，如需大景深则设置较小的光圈值，反之则设置较大的光圈值。

❸将测光模式设置成为矩阵 / 评价测光，并对画面中较亮的位置区域进行测光（半按快门激活相机即可）。

❹按下曝光锁定按钮，锁定上一步的测光结果。

❺半按快门对拍摄主体进行对焦。如果较难于对焦，可将对焦点设置为单点对焦，然后在拍摄对象与逆光相交的位置进行对焦，此时有非常高的成功对焦几率，但要注意的是，对焦成功后要确认焦点是位于要拍摄的对象上，而不是背景。

❻确定取景范围后按下快门完成拍摄。

焦距35mm / 光圈F18 / 快门速度2s / 感光度100

▶ 枝条在明亮的绿色背景衬托下，看起来有种形式美感

林间光线的拍摄方法

在树林中拍摄时可以利用光线的造型作用，突出不一样的画面效果。逆光拍摄树林间投射的光线时，尽可能地收小光圈，很容易表现出“光芒四射”的画面效果。需要注意的是，在这种环境下明暗反差强烈，适当的减少曝光补偿，使阳光投射的线条更加明显。

▲ 利用林间光线，也增加了画面的空间感

焦距50mm / 光圈F16 / 快门速度1/2s / 感光度100

▲ 金色的光线穿过黑色树干的树林，形成美轮美奂的画面

林间光线的拍摄方法

❶选择光圈优先模式，并设置适当的光圈数值，建议在 F11 以上，以拍摄得到较好的光线质感。

❷设置感光度为 ISO100~200，以保证较高画质。如果光线不充足，快门速度过低，应适当提高感光度或光圈。

❸为了得到更好的层次和质感，可适当降低 0.3~0.7 挡的曝光补偿。

❹选择矩阵 / 评价测光模式。

❺对画面进行构图并半按快门进行对焦。

❻保持半按快门状态可移至相机调整构图。确定最终的画面后，按下快门即完成拍摄。

第 18 章 宠物摄影

家里的宠物嬉戏玩耍、憨态可掬的样子非常讨人喜欢，但是若想抓拍下来则要下一番工夫了，因为其好动的习性想让它们安静下来几乎不可能。本章从器材准备、曝光设置、实拍案例等方面对宠物的拍摄进行了详细的讲解。

器材准备

中短焦镜头适合室内拍摄

在室内拍摄宠物时，由于拍摄环境的限制，可尽量选择中短焦镜头，相当于16~135mm，这样既可以在一旁很隐蔽的拍摄动物，而广角的一端可以纳入较多的景物，这就避免了在狭窄空间由于距离太近，而不能表现动物的整体状况。

焦距135mm / 光圈F4 / 快门速度1/125s / 感光度100

▶ 利用中焦镜头将宠物拉近拍摄，小景深突出它可爱的样子

定焦镜头的大光圈适合弱光下拍摄

在室内拍摄时，常常会出现光线不够充足的状况，而宠物多是活泼好动的，几乎一刻不能停止玩耍打闹，若想将动物清晰的“定格”在画面中，就需要较高的快门速度，可选择大光圈的定焦镜头，将光圈调大，增加进光量，提高快门速度。

焦距50mm / 光圈F4 / 快门速度1/500s / 感光度400

▶ 大光圈增加了相机的进光量，可以设置较高的快门，记录玩耍的猫咪

曝光设置

小景深表现猫咪的可爱

憨态可掬的猫咪总是很讨人喜爱，尤其是它无辜的大眼睛以及乖巧的样子。为突出这一特点可利用大光圈得到较小的景深，这样就可以虚化掉不需要的细节部分，着重突出猫咪的表情了，这样可以画面简洁、主题突出。

焦距135mm / 光圈F4 / 快门速度1/500s / 感光度100

▶ 酣睡的猫咪只有头部在画面中是很清晰的，这突出了画面的重点

提高感光度以便提高快门速度

为了抓拍好活泼好动的小宠物们，需要提高快门速度抓拍瞬间动物，如果室内的光线不够充足，而相机的光圈又不够大的话，则需要提高感光度，以提高快门速度，可以得到清晰的画面。

焦距135mm / 光圈F8 / 快门速度1/800s / 感光度800

▶ 提高感光度后，可以设置较高的快门速度，清晰的记录下跃起的猫咪

利用连拍记录宠物的动作

为将玩耍中的宠物表现清晰，需要 1/500s 以上的快门速度。拍摄时可以将拍摄模式设置为快门优先，根据现场的环境适当调高 ISO，并设置 1/500s 以上的高速快门，打开相机的连拍功能，在连续拍摄中抓到宠物精彩的表情和动作。

利用连拍时要手持相机，跟随宠物一起移动，所以要多加练习几遍才能得到精彩的照片。

焦距105mm / 光圈F8 / 快门速度1/1000s / 感光度100

▲ 利用连拍记录下猫咪一连串的动作

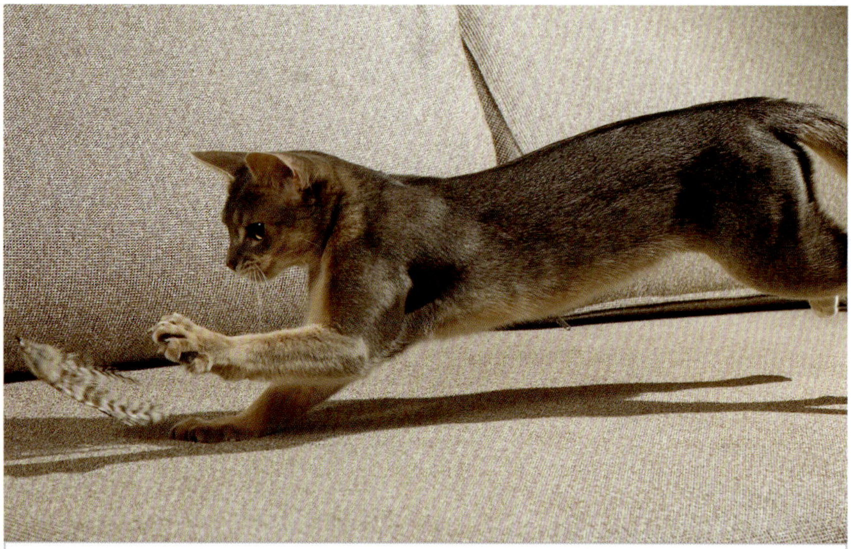

焦距105mm / 光圈F9 / 快门速度1/1000s / 感光度100

抓拍动物可爱的合影

把可爱的宠物们集合在一起，拍摄一张合影，也是很有趣的。为了使画面中的宠物们动作比较一致，可以由别人在一旁用它们感兴趣的东西吸引它们的注意力，然后摄影师利用高速快门和连拍模式将宠物们专注的样子迅速记录下来。

焦距135mm / 光圈F8 / 快门速度1/800s / 感光度200

▶ 三只狗狗一起看向下方，表情很专注，非常惹人喜爱

抓拍宠物间的亲情

动物之间也有感情和情绪，有情的画面是很吸引人的，所以拍摄时，要多观察，了解宠物的脾气和习性，熟悉它们的情绪变化，例如，母子之间，由于天性的原因，通常动物之间的母子也会流露出很亲密关怀的感情，所以可以跟踪拍摄母子的宠物，应该比较容易拍到亲情的画面。

拍摄宠物之间亲情时注意

注意拍摄时，不要惊扰到宠物们，尤其是小狗、小猫，否则会引起母狗、母猫的警惕而仓皇逃走。

焦距200mm / 光圈F5 / 快门速度1/500s / 感光度400

▶ 母狗亲密的向小狗伸出舌头，小狗乖巧的望向母狗，画面很传神

利用道具吸引小动物的注意

拍摄警惕心较高的宠物时，可以由它们很放心的主人在一旁利用道具去吸引宠物们的注意力，待它们专注于道具的吸引或是很放松的时候，就可以在一旁放心地进行拍摄，而且这时比较容易拍到精彩的画面。

为防止宠物一跃而起或是各种状况的发生，应提高快门速度，以免错过精彩瞬间。

焦距105mm / 光圈F11 / 快门速度1/500s / 感光度100

▲猫咪的注意力完全被羽毛给吸引过去了

焦距55mm / 光圈F5 / 快门速度1/320s / 感光度100

◀小狗茫然地望着玩具球，更添一分可爱的感觉

实拍案例

表现猫咪的轮廓光

为表现猫咪的绒毛，可采用逆光的角度进行拍摄，在暗背景的衬托下，逆光拍摄可将皮毛茸茸的感觉表现得很清楚，好似在猫咪的周围有发光的视觉效果，并将猫咪的轮廓勾勒出来，还可将猫咪与背景分离开。

焦距180mm / 光圈F4 / 快门速度1/250s / 感光度800　▲ 在深色背景的衬托下，在猫咪身上有一圈明显的轮廓光

拍摄轮廓光的方法

❶选择光圈优先模式，并设置较大的光圈以获得浅景深效果（但要注意，在光线非常充足的情况下，可能会造成快门速度超出相机的极限，此时降低感光度或缩小半挡光圈即可）。

❷选择测光模式为中央重点测光。并对准受光部测光。

❸对焦成功后，按下快门即完成拍摄。

▲ 逆光下，猫咪的胡须也衬托得很明显

突出表现猫咪明亮的大眼神

猫咪明亮的大眼睛非常可爱，可选择直射光线下进行表现，明显的反光可使眼睛看起来更加水汪汪的，拍摄时可利用一些声音或道具一起猫咪的注意力，专注的眼神更加传神，平视的角度拍摄，会使画面中的猫咪看起来比较没有距离感。

焦距200mm / 光圈F4 / 快门速度1/100s / 感光度400

▲ 猫咪水汪汪的眼睛特别传神

表现眼神光的拍摄方法

❶使用声音吸引猫咪，使其望向比较明亮的地方。

❷设置拍摄模式为光圈优先，并根据需要设置光圈值。尽量调大光圈，以得到小景深的画面，突出猫咪的眼神。

❸将测光模式设置成为矩阵 / 评价测光。

❹半按快门对拍摄对象进行对焦（同时完成测光工作）。

❺确定取景范围后按下快门完成拍摄。

▲ 利用小景深突出猫咪的大眼睛

第 19 章

鸟与野生动物

鸟类的拍摄不仅在器材上要求较高，拍摄时机也很重要，而拍摄野生动物时，除了考虑好如何拍出好照片，还要注意自身安全。本章从器材准备、曝光设置、构图技巧、拍摄技巧、实拍案例等方面都进行了详细的讲解。

器材准备

中长焦镜头是必备利器

由于鸟类与野生动物都与人类有距离感，要拍摄它们需要隐蔽一些，不惊扰到它们最好，为了在拍摄时不惊动它们，300mm焦距的镜头可以说是基本要求，如果镜头是需要乘以换算系数1.5，也就是说，使用至少需要拥有200mm的长焦镜头，而这还仅仅是基本要求。

这样的镜头下的画面中可以使被摄动物在画面中的面积很大，使体积较小的鸟儿在画面中表现得很突出，也可将平日不能靠近的野生动物拉近拍摄。

焦距300mm / 光圈F5.6 / 快门速度1/500s / 感光度200

▶ 长焦可以将远处的鸟儿拉近拍摄，而不使其受到惊扰

焦距500mm / 光圈F2.8 / 快门速度1/640s / 感光度200

▶ 像豹子这么危险的动物更需要远距离拍摄

增距镜增长镜头焦距

对普通的摄影爱好者而言，长焦镜头有些昂贵，可以选择增距镜增长镜头焦距，虽然在图像质量和对焦速度上不是很好，但可以为镜头增距 1.4、1.7 或 2 倍，用来拍摄鸟类和野生动物完全可以胜任，满足一下业余爱好是没有问题的。

▶ 增距镜一样可以达到远距离拍摄的需求

焦距200mm / 光圈F3.2 / 快门速度1/320s / 感光度200

使用脚架有助于稳定拍摄

拍摄时，为了抓拍到精彩的画面，需要等待拍摄的好时机，并且都是使用长焦镜头拍摄，这对相机的稳定性就是一个很大的考验，为了确保画面的清晰度，应使用三脚架来固定相机。

防抖功能的注意

防抖功能仅适用于手持相机拍摄时，在使用三脚架并配合长时间曝光拍摄时，必须关闭防抖功能。

▶ 为“时刻准备着”最好使用三脚架固定相机

焦距180mm / 光圈F5.6 / 快门速度1/400s / 感光度100

焦距300mm / 光圈F5 / 快门速度1/500s / 感光度100

曝光设置

选择连拍的驱动模式

不管是拍摄鸟类还是野生动物，它们是不会听从你的指挥可以摆拍的，为了避免错过最佳的拍摄时机，可以将相机设定为连拍模式。利用连拍模式可以尽可能多的拍摄多张姿态变化的画面，再从中挑选出最为满意的照片。

◀利用连续拍摄记录下狮子走路的样子

焦距400mm / 光圈F8 / 快门速度1/1000s / 感光度800

▲利用连续拍摄可连续拍摄再从中挑选喜欢的一张

高感光度提高快门速度

由于小动物的动作非常快速，尽管大自然中有着较为充足的光线，但有时快门速度还是达不到要求。例如在拍摄鸟类时，将感光度设置为ISO200的话，快门速度只能达1/400s，这样的快门速度还是有些慢，所以为了达到1/1000s的快门速度，在不改变光圈的情况下，可以将感光度提高为ISO400或ISO640，这样就可以将鸟儿清晰的“凝固”在画面中了。

▲ 蜂鸟的飞翔速度很快，需要提高感光度，以达到较高的快门速度，将其清晰的记录下来

▲ 光线不是很足的树林里，为确保画面的清晰度，则需要较高的快门速度

增加曝光补偿提亮画面

拍摄浅色的鸟类时，例如，白鹤、天鹅等，外形非常洁白，若选择浅色背景表现的话，相机的测光系统会出现失误。如果根据相机的测光数值曝光，拍摄出来的画面容易发灰，所以曝光时需要增加1~2挡的曝光补偿，提亮画面，以突出白鹤洁白的特点。

焦距380mm / 光圈F8 / 快门速度1/1000s / 感光度800

▶ 增加曝光补偿后，画面呈现高调状，将白鹤高雅的感觉表现得很好

利用合适的对焦方式快速对焦运动中的动物

动物的移动非常迅速和灵敏，而且变化很多，为确保画面主体的清晰度，需要摄影师能够在短时间内完成精确对焦。人工智能伺服自动对焦（AI SERVO）/连续伺服自动对焦（AF-C）适用于无法确定拍摄对象是静止还是运动状态的情况，此时相机自动根据拍摄对象是否运动来选择针对拍摄静止对象的单次对焦，或是针对移动对象的连续对焦。

▲ 利用快速对焦将飞奔的狮子清晰的记录下来，画面很精彩

单点对焦提高准确率

建议使用中央对焦点单点对焦，因其对焦精度要比多点对焦模式的精度要高，而且在镜头追随动物移动的过程中，也不容易因其他物体的干扰而误判焦点。

焦距270mm / 光圈F6.3 / 快门速度1/1250s / 感光度200

▲ 即使在飞行中快速对焦依然可以对焦清晰

构图技巧

避开杂乱的环境

由于拍摄鸟类或是野生动物时都在户外杂乱的环境中，一些树枝、草地很容易干扰画面，所以需要利用长焦镜头配合大光圈，营造小景深的画面，虚化掉干扰画面的不利因素，以突出画面的主体。

焦距400mm / 光圈F4 / 快门速度1/800s / 感光度800

▶ 鸟儿都躲在树上，利用大光圈营造小景深画面很有必要

焦距300mm / 光圈F4 / 快门速度1/500s / 感光度200

▶ 小景深可以很好地表现动物的表情，画面简洁、明了

拍摄技巧

好看的环境衬托动物

如果是在不是很美观的环境中拍摄动物时，需要注意避开那样的环境，尽量选择比较美观的背景环境，像是一些比较有欣赏价值的景色，可以为画面增添美感。

麋鹿的角在蓝天的映衬下很好看，以蓝天为背景使画面变得很简洁

焦距380mm / 光圈F8 / 快门速度1/500s / 感光度400

表现动物之间的互动

野生动物总是喜欢奔跑、嬉戏，可以抓拍一些它们之间的互动，表现一些动物之间的情感流露。这需要使用长焦镜头，还可以将相机设置为运动模式，以便更轻松地拍摄到精彩的瞬间动作。

两只猛兽之间的互动，使人感受到真情的流露

焦距380mm / 光圈F4 / 快门速度1/800s / 感光度250

雄鹰展翅的瞬间

拍摄鸟类时，可以展示一些其高空翱翔的优美姿态，对于那些有着自己很独特身姿的鸟类可以着重抓拍一些，这样可以使画面更加富有感染力。拍摄时，可将快门速度调整到 1/800s 以上，并将对焦方式设置为连续自动对焦或者智能自动对焦，这可使运动的主体一直保持对焦清晰状态，直到精彩瞬间出现按下快门。

焦距400mm / 光圈F6.3 / 快门速度1/1600s / 感光度200

利用连拍功能记录展翅瞬间

为了抓拍到精彩的瞬间，以启动连拍功能，尽可能地将展翅的过程记录下来，再从中选取合适的照片。

◀ 雄鹰展翅的瞬间很有气势，也很有代表性

平视表现动物的表情

平视拍摄不会有错觉出现，也不会产生变形，拍摄小动物时，也可低下身体，利用平视的角度拍摄，这样画面会比较亲切，更具真实感。平视的角度拍摄豹子的眼睛，竟然可以看到很人性化的感觉，这样的画面很吸引人。

焦距210mm / 光圈F4.5 / 快门速度1/640s / 感光度200

▶ 平视拍摄可与动物对视，使画面更有震撼力

拍摄实例

鸟类摄影的拍摄方法

拍摄飞鸟时无论是对摄影器材还是摄影技术都有很高的要求，要想抓拍到精彩的画面则需要精湛的技巧，由于鸟儿常常是在飞行中，所以需要连续对焦模式，才能够有效的持续追踪飞行中的鸟儿，为了不错失良机，还应开启高速连拍功能捕捉更多瞬间姿态，以便从众多照片中挑选满意的画面。

焦距400mm / 光圈F5.6 / 快门速度1/3200s / 感光度400

▲ 光线照在鸟儿身上形成半透明的画面效果

拍摄飞鸟的拍摄方法

❶选择快门优先模式，并设置 1/500s 以上的快门速度。

❷设置感光度为 ISO200~400，以确保能够得到较好的曝光结果（要想快门速度高，可将感光度调高）。

❸选择中央重点测光模式，并激活相机对鸟儿进行测光，然后查看在此快门速度下，是否会出现曝光不足的问题（相机会给出提示）。

❹设置对焦模式为连续伺服 / 人工智能伺服自动对焦模式。

❺设置快门释放 / 驱动模式为连拍。

❻半按快门对鸟儿进行对焦，同时跟随鸟儿飞行的轨迹移动相机。

❼待确定拍摄时机时，按下快门进行连拍即可。

寻找有趣画面的拍摄方法

要想拍到野生动物精彩的画面，除了敏锐的判断力，还要超强的耐心。通常要多表现其生活习性，如休息、玩耍、个性特征等。虽然不能支配动物的行为，只能被动的抓拍，但还是可以拍到精彩的瞬间，可启用高速连拍功能，能够多抓拍一些画面，从中挑选出精彩的瞬间。

焦距400mm / 光圈F4.5 / 快门速度1/800s / 感光度200

▲ 猴子间的嬉戏让人看了忍俊不禁，摄影师敏锐的观察力，拍摄到了这有趣的瞬间

抓拍有趣瞬间的拍摄方法

❶选择较好的环境背景。

❷选择快门优先模式，并设置 1/500s 以上的快门速度。

❸设置对焦模式为连续伺服 / 人工智能伺服自动对焦模式。以便对总是玩耍嬉戏的动物对焦准确。

❹设置快门释放 / 驱动模式为连拍。

❺待确定有趣的拍摄时机时，按下快门进行连拍即可。